通用航空专题系列

ZHISHENGJI FEIXING
JIAOYUAN SHOUCE

直升机飞行教员手册

主编 ◎ 犹轶　于大浩　杨晓强　朱通　贺强

西南交通大学出版社
·成都·

图书在版编目（ＣＩＰ）数据

直升机飞行教员手册 / 犹轶等主编. —成都：西
南交通大学出版社，2019.4（2021.1 重印）
通用航空专题系列
ISBN 978-7-5643-6812-8

Ⅰ. ①直… Ⅱ. ①犹… Ⅲ. ①直升机 – 飞行驾驶员 –
教材 Ⅳ. ①V323.9

中国版本图书馆 CIP 数据核字（2019）第 060307 号

通用航空专题系列

直升机飞行教员手册

主编　犹　轶　于大浩　杨晓强　朱　通　贺　强

策划编辑	罗小红
责任编辑	刘　昕
封面设计	吴　兵

出版发行	西南交通大学出版社
	（四川省成都市金牛区二环路北一段 111 号
	西南交通大学创新大厦 21 楼）
邮政编码	610031
发行部电话	028-87600564　　　028-87600533
网址	http://www.xnjdcbs.com
印刷	四川森林印务有限责任公司

成品尺寸	185 mm × 260 mm
印张	7.75
字数	164 千
版次	2019 年 4 月第 1 版
印次	2021 年 1 月第 2 次
书号	ISBN 978-7-5643-6812-8
定价	28.00 元

前　言

　　资源配置合理的飞行训练是航空业安全高效运行的重要要素之一。这些资源当中有些则是非常基础的，例如飞行教员有可用资源提供基础飞行训练的基本指导是保证训练效果的一个重要因素。从某种意义上讲，飞行教学是一种特殊的教学——飞行教员既是一名教育工作者，又是学员的良师益友。由于飞行学员很注意对教员行为进行观察和效仿，所以飞行教员的思想品质和行为表现对学员的影响很大。飞行教员应该认真学习航空理论和飞行技能，在教学过程中做到"帮思想、教技术、带作风"，才能培养出思想上牢记安全第一、飞行技术专业优秀和作风严谨的飞行员。飞行教员需要较高素质，应该具备准确的判断力，具有灵活、敏锐的观察力和幽默感。飞行教员不仅需要自己演示飞机操纵和管理飞行，还要会观察受训者操纵飞机和管理飞行，并且还要具有传授知识以及管理人的实际能力。如果飞行教员在飞行中压力过大，将全部的精力放在受训者身上，可能就有弱化飞行教员自身飞行管理的潜在危险，因而教员应该具有先见之明，避免这种情况的发生。特别当教员本身相对来说是个新手去带受训者时，这种潜在危险可能达到最大。所以在教学中应该牢固树立安全第一的思想，宁可错过一次教学机会，也不要去冒险，事实上这也是教授学员思想上重视安全的一种教学方式。

　　本手册在收集整理中国民航飞行学院教学经验的基础上，参考国内外航空院校的先进培训理念编写而成，手册分为两部分，第一部分主要介绍教学原则和方法，第二部分介绍如何实施地面与空中教学练习。手册比较全面、系统地介绍了直升机飞行教学的基本方法，可以指导飞行教员逐步认识和掌握安全和有效飞行教学的基本规律。而且内容涵盖直升机私用驾驶员执照、商用驾驶员执照的教学知识点，还加入在直升机商业运行中需要的高级技能描述，比如货物装载、吊挂与山区飞行方法教学。

　　需要指出的是，本手册仅提供一般通用信息。当直升机制造商的飞行手册或飞行员使用手册或类似标准（规范）文件描述的程序与本手册不同时，以制造商标准或规范程序为准。所有飞行培训学校按要求保持运行手册有效性，运行手册中的程序与本手册中的描述不同时，以培训机构运行手册为准。作为直升机飞行教员，还应参考现行规章和航行资料汇编，以便获得更详细的运行要求。

　　本手册特别征求部分资深飞行教员和训练专家意见，在结构调整、文字表述等方面做了修改。内容描述尽可能周全，但疏漏之处在所难免，敬请使用手册的飞行教员们批评指正。

编　者

2019 年 2 月

目　录

第 1 部分　教学原则和方法

本部分概述和讨论各种在飞行训练环境中有效的教学方法和技巧。

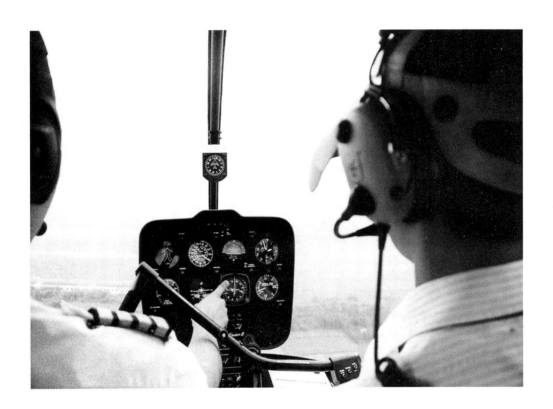

1 绪 论

本手册第 1 部分描述了飞行教员应具备的一些基本的教学技巧，适用于：

· 地面理论训练。

· 飞行预备教学。

· 飞行前准备。

· 飞行中教学。

· 飞行后讲评。

这些技巧可以使学员的学习更有效率，并帮助他们达到飞行考试标准的要求。

1.1 飞行教员

飞行教员除具备一般教师的职业特点外，还应当根据飞行专业的特点，向学员传授航空理论和飞行技能，负责教学的飞行安全。直升机飞行教员的目标是为学员提供良好的指导和充足的实践，使他们能熟练安全地驾驶直升机。

1.2 学 习

学习是个体的行为过程，教员不能代替学员学习，只能帮助学员学习。俗话说："师父领进门，修行看个人"，通常只有通过自己的实践才能获得真知。本手册描述的教学技巧以及提出的建议是为了激发学员的积极性，包括在精神上和身体上，通过这种有目标的行为使学员掌握必需的技能和知识，成为一名成熟的飞行员。

1.3 学习的定律

下面列出了七个学习定律，仔细阅读并确定这些定律是否适用于学员学习新技能和新知识。灵活使用下列定律，学习将变得更容易，效果更好。

（1）准备定律：确保学员在精神、身体和情绪上做好了学习准备。

（2）首因定律：首次学习能创造强烈的印象，因此第一次要正确介绍新知识或新技能。

（3）关系定律：按照从已知到未知、从简单到复杂、从容易到困难的逻辑顺序介绍课程。

（4）练习定律：确保学员参与到有意义的活动中。

（5）强度定律：形象生动的学习情境会给学员留下深刻印象。

（6）效果定律：确保学员从课程中获得愉悦和满足感。

（7）近因定律：每次课后总结重点并进行实践，可更长时间记住刚学的及刚实践过的内容。

上述学习定律如果正确应用，则是有用的"工具"。问题是"这些学习定律如何应用到飞行教学中呢？"这个问题的回答将通过回顾和讨论每个学习定律，为在教学中如何使用这些"工具"提供具体建议。

1. 准备定律

学习效果与学习的准备情况成正比。要学习，必须做好学习准备。优秀的教员需要理解准备定律的必要性，并尽力提供精心构思的动机。

如果学员有强烈的目的性、清晰的目标和良好的学习理由，则比那些缺乏动机的人更容易取得进步。

如果学员陷入训练之外的其他外界压力，或者生活过于忙碌以及面临难以解决的个人问题，那么学员无法培养学习兴趣。

在激发学员兴趣，使他们做好学习准备方面，可以借鉴下面的做法：

·以吸引注意力的开场白作为课程的开始。对于好的开场白，教员可以仔细听听纪录片或电视采访节目的开场白。作者投入大量的时间琢磨精确的用词，以引起观众兴趣。

·说明课程期间的具体要求以及打算如何在课程结束验证学员已掌握的知识或技能。教员的所有说明要以学员为中心。

·告诉学员课程的目的，强调新知识或技能的益处。试图给出多个学习的理由，以防学员不能完全接受其中一个理由。

·明确课程在整个知识体系中的位置，将课程与学员可能拥有的经历联系起来。这个陈述将学员先前学过的知识或技能联系起来，并使学员进一步构造知识或技能。例如，教员在教一位持有固定翼飞机飞行员执照的学员如何操纵直升机从爬升中改平，可以指出操纵顺序与飞机相同。

·如果新学员要学习新材料，在介绍新材料之前要确认学员已达到要求的知识水平。进行知识回顾，并且按需要重新讲解要点，以消除可能的误解。

·制订课程材料复习计划。学员离开教学环境后，会开始遗忘。最大遗忘率发生在学习材料后 24～48 h。研究机构在这个领域开展了深入的研究，并设计了一个建议复习的日程表。基于学员平均水平的统计，未复习和复习后学员记忆曲线如图 1 和图 2 所示。

从图中可以看出，如果不复习，记忆曲线开始下降很快：2 天内，学员能记住不足所学内容的 70%；在一个月结束的时候，学员仅能记住所学内容的 40%左右。而如果复习，经过一段时间，甚至一个月结束时，学员都有可能记住全部所学内容。

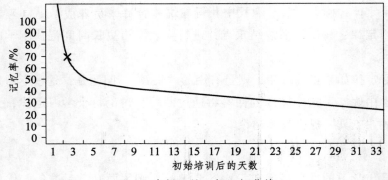

图 1　未复习的一般记忆曲线

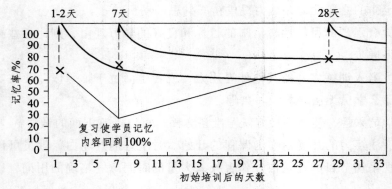

图 2　复习后的一般记忆曲线

因此作为教员应该理解：

·为让学员恢复至 100%的水平，2 天内应进行复习。

·通过第二次学习后，曲线变得更平缓，但 7 天后，学员的记忆又降到 70%。

·在第 7 天再次复习，曲线更平，学员的记忆保持在 70%以上，直到第 28 天左右。这次复习通常可产生持久的记忆。

·复习所需时间随着复习的次数而减少。

【例】初始训练：50 min；

第 1 次复习（第 2 天）：15 min；

第 2 次复习（第 7 天）：10 min；

第 3 次复习（第 28 天）：5 min。

2. 首因定律

教学时，首次就要正确介绍新知识或技能（第一次不能失误）。

当向学员介绍新知识或技能时，他们的第一印象几乎是不可动摇的。这意味着教员第一次教的必须是正确的。学员可能忘记课程的细节，但他们在较长时间内能记住该技能或知识的总体印象。通常在学员接受必要的基础训练前，教员应多次在直升机上执行机动飞行，必须正确执行这些机动动作，否则学员可能模仿教员犯下的任何错误。例如，在进行悬停科目教学时，有些教员为了让学员感受驾驶杆的操纵，要求学员一直不停地前后或者左右晃驾驶杆寻找平衡点。这样学员养成了不良习惯，在以后飞行中很难改正。

建议：

·进行课程预演，以便全面熟悉技能或找到与该课程相关问题的答案。

·尽力完美地演示下一课要学的机动动作。如果学员没有实践经验，在阅读或研究练习材料时可能形成错误的意象。

·如果可行，以完美地演示作为每次课的开始。有时很有必要避免在演示中进行交谈，以集中精力完成技能。

·当学员进行练习时，密切监视其动作。发现任何差错要尽快制止，并讲授正确的方法。

3. 关系定律

强调学习中学员理解新旧事物之间或者理论与技能之间关系的重要性。在飞行训练中，学员必须理解他们为什么要学习这一特定练习，而且还要理解如何将练习与以前的内容结合以及其在总大纲中的位置。在课程开始时，给学员阐明这些关系有利于做好学习准备；在课程中不断进行这个过程，有助于保持学习愿望。

【例】将特殊起飞和着陆与正常起飞和着陆进行比较或关联；演示在高进近中如何使用相同的技巧。

建议：

·以逻辑顺序介绍课程：

① 已知到未知；

② 容易到困难；

③ 具体到抽象；

④ 简单到复杂；

⑤ 熟悉到不熟悉。

·在进入未知内容学习之前，复习基础知识。例如，当教员给学员讲解环形飞行计算尺时，首先给出简单的例子，如 2×2。学员因为已经知道答案，所以能明白飞行滑尺的操作。在接下来的问题或例子中，换一个因子（2×4）使学员可以积累已有的知识。这个过程一直持续到学员掌握了解决实际问题所需的所有知识和技能。

·分阶段提供新材料，在进入下一阶段前证实学员已掌握本阶段内容。每一阶段的时间长度取决于所学材料的复杂性。经常总结课程的要点，强化学员的新知识的学习。

·使用例子并进行比较，表明所学的新材料与学员已知的内容没有那么大的差异。所用的例子可以是真实的或想象的，举例的主要目的是勾画出生动的景象，使学员能将新材料与先前发生的事具体联系起来。这称作在教学中运用"言语工具"。

4．练习定律

如果进行学习，则离不开有意义的精神或身体活动。在飞行训练中，这是通过正确的实践或反复实践实现的。学员通过应用所学的知识或所演示的内容进行学习。由于学习的持续性或者需要更多的实践强化，训练大纲中应包含实践的时间。教员必须确保实践是针对特定目标的。口头考试、假设问题、带飞检查或者单飞实践都是提供精神或身体活动的方法。

如果学员能回答"怎样"和"为什么"，通常意味着他们能正确理解该主题。研究如表1所示的各个学习等级的教员和学员活动。如果教员试图在未完成理解等级就开展应用等级的活动，学员有可能遇到更多的困难。

表1　各学习等级的教员和学员活动

学习等级	教员活动	学员活动	问题类型
评估	提供测试项目	记录并得出结论	所有
综合	提供练习情景	把信息结合到概念中	所有
分析	提供练习情景	将项目分解成更小的要素	所有
应用	演示和解释	模仿和实践	所有
理解	以提问方式进行	回答并提问	为什么&怎样？
知识（信息）	讲课	听课	是什么？
熟悉	简介	听讲	何处&何时？

建议：

·避免使用以"是什么"开头的提问，除了在测试学员学了哪些内容以外，传授学员事实、数据和必要的知识，然后提问"怎样"和"为什么"，培养学员对新知识的理解。

·一旦告诉了学员事实，避免自己重复，取而代之，让学员联系事实进行反馈。这可加强学员的学习，并验证学员对所要求材料的知识掌握情况。

·向学员提出适合学习阶段的挑战性问题，只提供必要的帮助，让学员正确寻求答案。如果学员能独立解决问题，则表明他们具备了充足的知识和能力。

·经常测试学员的知识和能力，这可强化其学习和建立自信。然而，在测试之前，必须确保学员能回答这些问题或者能执行这些技能，否则只会打击学员自信心。测试还应识别出学员的弱项，从而教员可以再次讲授这些内容，使其达到要求的标准。

5.强度定律

相比无聊的授课经历，学员能从有趣或兴奋的经历获取知识。教员应尽力以饱满的情绪让学员在学习中充满活力，并利用合适的机会向学员引入一些意料外的事。

强度定律意味着学员从实际经验中学到的比其他方式更多。需要运用自己的想象，体验生动的经历，达到有趣或现实的效果。

建议：

- 对所教的内容表现出热情和真诚。
- 注意演讲的语速、语音和语调，保持吸引学员的注意力。
- 在解释要点时，使用合适有效的动作，让课堂变得"有活力"，使学员对要点的印象更深。
- 借助各种训练工具尽可能吸引各种感官。每一种工具必须直接与所教的主题联系起来。

6. 效果定律

学习中如果有愉悦或满足感，学习效果会更好。相比感觉受挫、沮丧、生气或徒劳，在这种情况下，学员能学会和记住更多知识。如果教员在第一次飞行实践中就演示自转，学员可能感到有些害怕，或者第一次体验飞行就完全放手让学员去悬停，学员控制不住直升机状态，这种经历是消极的。他们甚至可能放弃飞行。这个例子是显而易见的，但教员需要考虑自己的行动为何会让学员产生受挫或消极的感觉。例如，要求学员执行机动动作，事后教员立即点评学员出的所有差错。教员指出的每个差错可能是非常准确的，但学员的感受又是怎样呢？如果教员的目的是让学员受挫，那他可能成功了。最好首先指出学员表现得不错的方面，然后讨论学员的主要差错，最后提出改进建议。

无论学习情景如何，都应给学员带来积极影响和满足感。每次学习经历不一定是成功的，也无法让学员掌握所有内容，但是应该增加学员成功的机会，让学员有成就感和愉快的学习经历。

建议：

- 使用一些新的材料，让学员参与到课程中。可以就主题相关的问题向学员提问，允许学员展现自己的知识，阐述自己的想法。
- 在整个课程中，通过提问、观察技能表现并留意学员是否流露出不理解的表情，获得学员反馈。教员必须对反馈做出响应，包括回答提问以及提供帮助并按需纠正。
- 向学员展示如何改进并在学员进步时提出表扬。
- 教员的所有陈述应有理由支持。当告诉学员某件事情时，同时给出背后的理由。例如，你对学员说："直升机有两个静压孔，机身两侧各一个。"这是事实，但如果学员不知道两个静压孔的原理，他们可能认为不重要，然后忘记。如果学员理解概念或理论，可能忘记细节但能记住总体概念，所以，当直升机只有一个静压孔可用时，在侧风进近中，他们可能更加关注仪表读数。
- 当学员在学习中遇到困难时，找到让他们成功的方法。例如，在学习大坡度转弯中，不要让学员尝试整个机动动作，而是让他们先练习进入动作。当进入动作没有问题时，再继续下一个阶段，直到整个动作完成。如果大坡度转弯练习遇到困难，可以退后一步，练习中等坡度的转弯，避免学员过度受挫。有时，教员在学员表现变差时继续尝试该机动动作，这种做法是错误的，最好是在该点退出，返回到学员做得不错的那些内容。

·避免嘲笑或讽刺。教员可能觉得这是个小幽默，但学员极少有同样的感觉，尤其是他们是被评论的对象时。

·在安排课程时，要让学员在表现正确时得到奖励。这种奖励可以是真诚的表扬。比如让学员完成一次飞行前绕直升机检查，可以在发动机下方的地面上放置一个诸如螺母之类的东西。如果你的学员发现这个外来物，并告诉你，应该对此表扬。如果学员没有仔细完成检查，你可以有重点地讲解，强调仔细检查的重要性。

7. 近因定律

在其他条件相同的情况下，最近学习的内容记得最好。相反，离新的事实或理解的内容时间越久，学员越难以记住。复习应尽早进行，一个完整的学习周期是：复习—学习新材料—复习等。

建议：

·在飞行实践前安排飞行前简令，以提问方式复习要点。

·确保学员在每次课程结束前接受所有重点的全面总结。

·在练习或课堂授课的每一环节后，结合材料进行提问或总结材料中"需要知道"的内容。

·课程最后部分进行考试。

·在整个课程中，定期进行没有新内容的复习课，使先前学过的材料得到强化。

·尽量在每次课后对重要部分进行实践。这适用于单飞课程和带飞练习。学员可以通过回答问题完成知识实践，通过实际操作完成技能实践。

飞行教员的一项重要技能是口头提问能力。好的问题可以满足上述所有学习要素。下一部分将专门阐述口头提问。

2 口头提问

2.1 概　述

教学时，教员可以选择多种技巧和辅助手段。口头提问是可用来刺激学习并有效应用以满足上述七个学习定律的辅助手段之一。

掌握提问的技巧不是件容易的事，而且经常也是教学中最容易忽略的。好的口头提问要求教员在面对课堂或某个学员时，具有快速轻松思考的能力，并随机应变，以清楚简单的方式提问。在处理学员提问和回答时，教员也必须留意使用技巧。

2.2 口头提问的目的

首先，问题可用于促进精神活动，让学员思考。教员可以陈述一个事实，并提供可视化或言语的支持，但是，让学员记住的最可靠方式是让他们自己解决。当可以使用口头提问使学员思考并弄明白事实的原因时，教员应利用这个机会，例如学员经常需要回想先前学过的相关数据或知识。措辞得当的口头提问可以提供要求的信息，从而促进精神活动。

口头提问的第二个目的是激发并保持学员兴趣。单一的陈述通常导致"那又怎样"的态度，而提问可使学员感到他们在参与课程，从而激发兴趣。可以利用不断发展的事实和思想保持学员对整个课程的兴趣。注意：枯燥无味讲述不是教学！

口头提问的另一个目的是引导思考。利用提问，可以引导学员以一定的逻辑方式思考。提问可以引导学员以明确的顺序或特殊的目标思考。在讨论中，可以利用问题将跑题的学员引回到原来的目标。经验丰富的教员在合适时间提出合适的问题，从而在整个课程中不断引导学员。

口头提问的最后一个目的是评估学习，这对学员和教员都有益。每个课程阶段之后，在开始下一阶段前，可采用口头提问，确保学员已跟上节拍。课程结束时，提问可证实学员达到了该课程的目标。

采用口头提问评估学习的一个弊端是只能在课堂上随机提问，因为每个问题只有一名学员回答。教员可使用学员反馈系统来克服这个弊端。例如，在一对一的基础上，飞行前发布简令和飞行后进行讲评。

2.3 好的口头提问要求的质量

在准备问题时，必须留意下列针对好问题的质量要求。

（1）易于理解。问题应以简单明确的语言陈述，简洁但完整，学员对问题的含义没有疑问。

（2）使用常见词语。问题设计应是检测某主题的知识，而不是语言的使用。使用高水平的词语可以展现词汇量，但不能给教学带来任何意义。如果学员不知道这些词的含义，他们就无法回答问题，应始终保持你的词汇量在学员可理解的范围内。

（3）发人深思。问题不应太简单，答案不能过于显而易见，而应使学员应用知识面对挑战。应避免使用学员有50%正确机会的问题。例如是/否和正确/错误类型的问题，除非这些问题后面接着是"为什么"或"怎样"类型的问题。

（4）围绕课程要点。问题必须围绕课程的教学要点，必须在合适的时间提问，以强调这些要点。

如果以随随便便的方式提问，学员会感到困惑，提问的目的也无法达到。为确保全体学员在精神上的参与，可使用下列程序：

·提问。应按照好问题的质量要求陈述问题。为此，在提问之前必须想好问题。如果问题是用来评估学习或证实是否达到目标的，应提前准备，并把问题写进课程计划中。教员在能迅速准确提出问题之前，通常应把问题都写下来。

·暂停。提出问题后，应暂停1~5 s（根据问题的复杂程度），让所有学员有时间思考并组织答案。暂停期间，应观察整个课堂，注意不要让某学员觉得要点名让他回答问题。

·点名。教员不断要面临让哪名学员来回答的局面。应努力使问题与学员相匹配，因为学员的能力不同，应该意识到并在提问时考虑到这些差异。应考虑给学得好的学员更难的问题。还应确保课堂上的每个人以合理的频次回答问题。通常采用的一些系统存在很多缺陷，例如按照座位排列顺序点名回答问题，那些懒学员在快要轮到他们回答问题之前不会认真思考问题。为确保回答问题的频次合理，最可行的方法是随机点名，然后在名单上做记号。为使回答问题的学员更广泛并保持他们的兴趣，应定期让课堂上的其他学员证实前面学员的回答。

·倾听回答。有的教员在点名让学员回答问题后，立即开始构思下一个问题，而没有听学员的回答；教员可能对不正确的回答说"对的"。这可能导致学员困惑。教员应始终倾听学员的回答。

·证实回答正确。必须仔细评估学员的回答，不要让正确答案留下任何疑点。

2.4　处理学员的回答

除始终证实正确回答外，还有一些技巧是在处理学员回答时必须知道的。

（1）不鼓励小组回答。当学员作为小组回答问题，难以确定谁提供了正确答案，谁提供了错误答案，这可能导致学员困惑。当给一个新班级授课时，尽早明确不希望小组回答而是点名让某名学员回答。但有时也可能要求以小组为单位回答问题，以增强班级的活力。

（2）不要养成重复答案的习惯。教员总是重复答案，这让学员感到单调枯燥。如果学员的回答不正确或需要澄清，可再让一名学员回答同样的问题；如果学员回答问题时声音较小不足以让整个班级都听到，让学员再大声说一遍答案。

（3）对好的回答提出表扬。这对那些成绩不好或害羞的学员尤为重要。当使用口头提问让班上的学员提出观点时，不要驳回与主题相关的回答，即使不完全是教员所寻求的回答，也要给予肯定并尽量使用新的用语表明观点。如果学员的回答完全不正确，不要说"错了!"那样会让学员感到窘迫，而应该婉转指出答案不是教员所想的，并提出一个补充问题或者让另一名学员来回答该问题。

2.5　处理学员的提问

不要打击和课程有关的真正问题。有句老话："一个学员提的问题，另外六个学员也想问这个问题。"通常学员提问是因为教员没有把要点或事实解释清楚。有关学员提问的一些技巧如下：

·鼓励提问。让班上的学员尽早知道鼓励学员对所教的内容有任何疑问可随时提问。如果不干扰讲课，通常最好是允许一遇到问题就提问而不是在课程中安排一些提问的环节。如果不让学员随时提问，等到提问环节，他们可能忘记了所关注的一些问题。

·让其他学员回答问题。有时让班上其他学员来回答某位学员的问题会引起学员的兴趣和参与感。不要过度使用这个方法，因为学员可能觉得教员不知道答案，是在寻求帮助。尤其是在教员不知道答案的时候不要用这个方法。

·拒绝与课程无关的问题。学员经常会问一些与课程完全无关的问题。委婉地拒绝这些问题，小心不要冒犯学员，然后说，这个问题我们最好课下讨论。

·不要欺骗人。无论教员对所教的内容有多熟悉，有时他也会面临学员提出的合理问题而不知道答案。如果不知道答案，如实说而不是欺骗人。教员应告诉大家他会去找出答案。确保教员会这样做，然后告诉提问的学员以及班上所有其他学员。

·确保班上所有学员都在听问题。当有人提问时，检查是否全班学员都在听。当教员回答问题时，向全班回答而不是仅仅向提问的学员回答。如果需要一个比较长而详细的答案，而教员只是和提问的学员交谈，那么班上其他学员可能失去兴趣并"走神"。

3 教学的示范演示方法

3.1 概 述

有名年轻教员曾经问道："如果时间只允许我学习一种授课方法，我应该学哪种？"答案是示范演示方法。为什么呢？教员主要关注的是训练。训练很大程度上是致力于培养身体和心智技能、程序及技巧。例如，直升机操纵、解释设计图、驾驶车辆、焊接、修建、射击、修理、解决问题、填写表格——所有这些以及更多的内容最好使用演示方法教学。

演示方法可分为五个基本程序：

- 解释。
- 演示。
- 学员操作。
- 教员监督。
- 评估。

3.2 解释和演示

解释和演示可以同时完成，或者先演示然后再解释，或者反过来。教学所需的技能类型可能决定了哪种方法最好。

在教学员迫降科目时，以下是教员的教学选择：

- 演示迫降同时解释自己在做什么以及为什么要这样做。
- 演示中不解释，完成演示后再详细解释自己所做的演示。
- 解释自己打算做什么，然后实施。

不同的教员以不同的方法进行该技能的教学。下面给出的是对大多数教员来说最有效的方法。

- 在"迫降练习（PFL）"前的上一次飞行中，对迫降练习做一个完美的演示。在这次演示中最好不要谈论，因为教员希望做得尽可能完美，作为学员将来执行的标准。在迫降练习前进行完美演示还有一个优点，就是学员在学习飞行手册时能够形成一个更清晰的印象，因为他们已经看到了真实的迫降。

- 接下来，教员应该对迫降练习做一个全面的解释。在解释中，可使用前述所有教学技巧。必须解释可能出现情况的原因，与已知的事物做比较，并举例以澄清要点。可在地面进行解释，使用视觉教具帮助学员学习。

·在空中进行一次演示，但要包含重要的解释部分。通常，就在做什么或者应做什么，向学员提问，以证实他们知道程序，尽管他们还没有实际操作。

·完成迫降进近练习后，在爬升中，消除学员的误解和解答学员的问题。

·示范演示方法的演示和解释部分完成后，应进入下一部分，即学员操作和教员监督。

3.3 学员操作和教员监督

在训练初始阶段，学员操作和教员监督始终同时进行。学员操作此时不应出现大差错。教员必须密切监督，在有差错苗头时就应发现，并且及时纠正学员。作为飞行教员，始终要把飞行安全作为第一考虑。防止操作偏差过大，超出教员的修正能力。

学员应可分段执行任务，教员对每段任务的执行都必须密切监督。

【例】迫降练习时，考虑下列建议把任务分解成多段。

在学员第一次尝试时，作为教员：

·选择机场，确保机场在自转下滑范围内。

·执行所有空中检查，包括观察外面。

学员操纵直升机并集中精力在机场执行迫降练习。

如果学员犯下重大差错，应接管直升机并使直升机处于正确位置，然后交给学员操作，继续进近（在保证安全的前提下，教员应想办法尽量确保学员第一次尝试能在机场迫降）。

在后续的尝试中，根据先前尝试的成功程度，给学员增加执行的项目。

继续这个过程，直到教员感到学员可以单独完成这个机动动作。

完成了本方法的学员操作和教员监督部分，教员进入下一步评估阶段。

3.4 评 估

示范演示方法的评估部分是给学员机会证实其能在无帮助的情况下完成机动动作。

对于迫降练习，教员应告诉学员，将模拟整个迫降过程中发动机处于失效状态，他们将执行整个程序，包括所有检查和观察外面。

当学员执行该机动动作时，不要讲评、帮助或者用其他肢体语言，否则会影响学员操纵。然而，教员必须非常仔细观察整个机动动作，这样可以分析学员可能出的差错，并在学员完成机动动作后讲评。

当然，如果飞行影响到安全，应中断学员的操作。

课程评估阶段的成功或失败将确定是继续进行下一个练习还是再次重复本课程。

3.5 示范演示方法的使用规则

给学员一个完美的演示，如果不在实景的话，展示已制作好的产品。例如，当教学员如何进行地图准备时，展示一张标注好的转场飞行地图，学员可以看到在自己准备地图时的标准。教员对要求的任务进行一步一步解释，说明原因，并举例和进行比较，使解释更清楚。

学员模仿每一步技能时，教员都应该密切监督。例如，学员练习进入大坡度转弯，直到他能正确执行，然后才继续到下一步。

持续进行，直至学员正确模仿每一个步骤。

让学员进行练习，并提供必要的帮助。

确保分配给学员练习的时间等于或超过演示的时间，并且学员应在教员的密切监督下操作。学员练习时间应不少于教学的时间。

总规则：

·当演示和解释时，学员倾听和观察；当学员操作时，教员倾听和观察。在教员解释时，不得让学员操作。

·完成练习后进行评估（最终检查），使学员有机会证实他们能做什么。

·不要只是向学员解释和演示一种技能或程序。让学员进行每一步技能练习，确保技能或程序得以正确完成。保持和学员一起练习，直到他们能正确操作。例如，一名学员将进行单飞转场飞行，询问教员如何填写航行日志。解释如何填写，因为示范填写并不能保证学员已掌握相应技能。让学员告诉教员如何做或者最好是教员在离场前让学员练习日志的填写。

4 教学技巧汇总与指南

下列技巧如果用心应用，将有助于飞行教员提供有效的教学。因为大多数飞行教员也完成一些地面理论训练，所以在本汇总中也包含了课堂教学技巧。教学技巧、提问技巧、课程计划等，同等适用于向整个班级的学员教学、一对一的空中教学、飞行预备教学及飞行前简令。

为了以专业的方式进行授课，教员必须提前准备并遵守下面的程序。

4.1 制订课程计划

原因：课程计划就是一个指南，它能使教员在授课期间保持进度。它还确保涵盖所有重点以及不会因为记忆力差而遗漏重点。

包含的内容：要点标题；话题的充足备注；证实学员学习情况的具体问题和答案；视觉教具教学（包括黑板的使用计划）；构思完整的开场白和结束语；每个主要观点或项目的大致时间；视觉教具计划；任何其他教员觉得有助于教学的内容。

避免的内容：完整细致的书面材料（这会导致教员在课堂上读材料）；使用单个空格（这使教员无法在下次授课前修改备注）；字迹潦草，除非教员在 1 m 外能阅读备注（这使教员看上去好像不懂材料，因为教员不得不贴近去看课程计划而不是通过快速看一眼计划来提醒自己）。

4.2 上课前准备课堂/教学区域

原因：教室必须布置成最有利于学员学习。如果学员看不到所有教具，他们可能错过要点。如果不在课上浪费时间重新布置教具或座位，教员的备课会显得更专业。

4.3 上课前准备/检查培训设备/教具

原因：这可避免某项设备不工作或者图片、投影仪、图形显示顺序不正确带来的尴尬。

4.4 让学员做好学习准备

原因：如果学员要学习，他们必须在身体、精神和情绪上做好学习准备。

如何做：

· 告诉学员上课期间对他们的具体要求以及课程结束时他们能做些什么。

· 告诉学员为什么要参与此次课程以及新技能或知识将给他们带来什么益处。尽可能把想到的益处都说出来，因为学员可能不赞同所列举的一些内容。

· 向学员介绍课程总体情况，并向他们展示课程在整个培训中的作用。尽力把新材料与学员过去或将来的学习内容联系起来。

· 让学员做好学习准备的时间长短主要取决于学员的基础知识以及材料的复杂性。一般而言，所需时间是课程的 10%左右。

4.5　从学员能理解之处入手介绍新材料

原因：如果教员从学员不能理解之处开始授课，会让学员困惑和浪费时间，几乎达不到学习效果。

确定学员的理解水平：

· 开始教学前，进行入门知识测试，确定学员知道什么或不知道什么。入门知识测试可采用笔试或口试，目的是了解学员的实际知识水平。

· 教学过程中，定期复习。

· 每次授课时，对上一课进行回顾。这种回顾可以是一系列提问。如果学员回答正确，继续下一课程。如果不正确，再讲一次。

· 从其他教员那里了解学员的强项和弱项，安排材料，以满足学员需要。

4.6　基于学员理解力的进度

原因：如果讲课进度超过学员的理解力，同样会遇到从超过学员水平开始授课的问题。

确保以要求的进度授课：

· 分阶段安排材料。每个阶段结束时停下来，基于材料提一些具体问题。如果学员回答正确，继续下一阶段。如果不正确，再讲一次。每一阶段的时间长度取决于材料的复杂性，但最好是 8 ~ 12 min。

· 写出完整的构思好的问题。把这些问题放在课程计划上，确保在授课中把这些问题提出来。得到的回答将确定学员是否理解了问题。

· 密切观察学员的面部表情，判断他们是否理解某个特定要点。如果学员说他们理解了，提问证实。

· 鼓励学员如果遇到不完全理解的地方要提问。

· 在介绍更复杂的部分之前，为学员提供大量的基础技能练习时间。

4.7　为学员明确和强调要点

原因：在任何讲义中，都有"需要知道"（极重要）和"最好知道"（可能需要或不需要长期记住）的材料。

为学员明确和强调要点：

·为要点准备教具；大约 75%的学习来自视觉，只有约 13%来自听觉。视觉教具可以是黑板、图表或投影上的标题。

·让学员在自己的笔记本上写下要点或者提供包含要点的笔记。

·向学员口头声明，如"这点非常重要，请记住"。

·准备一个导向板（黑板或纸张），把课程重点写在上面。学员在整个课程中可参考该导向板，这有助于将他们的思想引导到特定领域。

·在声明重点时，提高音量并减慢语速以示强调。

·除强调要点外，教员还应强调关于安全以及容易忘记或难以记住的内容。

·根据相对重要性进行强调，越重要的，越着重强调。

·通过口头举例（真实的或想象的例子）和比较（与已知内容的相似性或差异）予以强调，可能最重要的是给出你强调的原因。学员倾向于记住那些他们理解的要点。

·采用总结的方法通过学员回答问题不断重复要点。

·定期复习"需要知道"的材料。

·让学员完成课程要点的家庭作业。

·让学员记录觉得必须强调的主要概念或内容。把要点写下来，运用另一感官，可强化学习。

·使用多种教学辅助工具，激发多种感官（触觉、感觉等）。

·不用强调"最好知道"的材料。

4.8　提供清晰的解释和演示

原因：如果学员不理解教员的解释，换一种说法或者重新复习材料。确保清晰的解释和演示，建议如下：

·参考学员已有的知识进行口头解释。概念的相关性使学员更容易理解教员的解释。

·使用常用的词语，避免使用生僻的词语。

·尽力将复杂材料和概念以简单易懂的形式给出。最好的方法是以学员已知的内容开始，一步一步深入。

·如果学员提出演示要求，向学员演示前要确保自己能做正确。

·确保所有学员能看见演示中的最细微的部分。如果需要，让学员围在教员身边。

·边演示边解释，将演示分解成多个小的步骤，详细解释每一步，说明原因，举例并进行比较。

4.9　使用视觉教具并有效利用

原因：大约 75%的学习来自视觉。

思想源泉：

- 艺术家或与视觉教具制作相关的人。
- 通常能让你产生思想火花的其他教员。
- 报纸、杂志、电视和商店的商业展示。
- 教员自己的想象（如果充分发挥想象）是对教具构思的绝佳来源。

视觉教具类型：

- 真实设备。
- 实物模型、图表、图形、图片或模型。
- DVD、胶片、录像带和磁带。
- 人（合适的场合）。

指南：

- 首先制订课程计划，然后选择有助于学员学习材料的视觉教具类型。
- 对课程中的所有要点，制订视觉教具使用计划。白板上简单的词语通常胜过一遍一遍重申要点。
- 让教具简单清楚，删除所有不必要的数据。避免制作华丽精细艺术品的倾向。
- 确保所有学员能看见教具。在使用前，把教具放在使用的位置上，然后走到学员后面，确保能清晰看到教具。
- 运用各种色彩增加兴趣，但确保讲解相关部分和概念时应使用与实物相同的颜色。这样，有助于学员更容易理解教员的讲解。
- 当教具未使用时，把它盖起来或者移出视线。如果教具不用却放在那里，会造成学员分心。
- 如果教具包括书面材料，检查其拼写和语法是否正确。
- 若可能，站在离教具较远的地方，使用指示棒或者激光笔，这样不会挡住学员的视线。
- 如果使用图表，建议教员有时准备两份，一份有标记，一份没有标记。没有标记的那份可在之后用作测试学员知识。或者，给每名学员一份图表，让他们填写或标记。

考虑：教具能帮助学员学得更好、更容易或更快吗？

4.10　讲课时改变语速、音量和声调

原因：任何形式的变化可增加学员的兴趣。以单调的语速方式讲解通常使学员犯困或会走神。

考虑：

•在讲述"最好知道"的材料时，语速快。这将产生热情高涨的效果，并且热情得以传递给学员。

•在明确"必须知道"的材料时，语速慢。这允许学员将"需要知道"与"最好知道"的材料区分开，并且大多数情况下起到强调要点的作用。

•根据教学条件，教员调节自己的音量。如果有背景噪声，教员必须提高音量，以便所有学员听清自己在说什么。

•一般而言，声调的控制甚少，但调节音量和语速有助于在一定程度上改变声调。

4.11 观察学员获得反馈（目光交流）

原因：让学员感觉教员对他们感兴趣，并且可以确定学员是否理解所讲的内容。

注意：

•直盯着学员（看双眉之间或者鼻梁），但不要盯着某名学员太久。如果学员避开眼神，意味着直视他的时间太久，他可能会有些尴尬而看其他地方。

•确保目光交流是公正的。不要偏爱某名学员或某组学员，讲课中要同等对待所有学员。

4.12 在课程中要发挥学员的积极性

原因：如果学员积极参与到课程中，则容易学得更多。

考虑：

•当学习一个理论主题时，学员对理论的实践通常采用回答问题的形式。确保在讲课中不断提问。

•运用良好的提问技巧，如前面的"口头提问"所述。

•在所有学员中均匀提问，避免少数人回答所有问题。

•确保问题引人深思并具有挑战性。

•避免答案是简单的"是"或"否"型的问题，除非后面紧接一个"为什么"或"如何"问题。

•在问题题干中，应有始终充分的信息将学员的思想引向特定领域。避免通用或含糊的问题，如"是什么使发动机气缸运转的？"这将无法得到教员所寻求的答案。

•学习技能时有意义的活动通常是将回答问题与技能练习结合起来。开始课程后，尽快安排学员参与实践。如果可能，在课程的第一部分给学员"自己动手"的机会。这增加了他们的兴趣，大多数情况下激发了他们深入学习的意愿。

•始终密切监督学员的操作；不要允许他们出错，如果放任他们出错，将不得不重新教他们。"熟能生巧"也只有在实际操作的人受到密切指导和监督才能实现。注意：
只有正确的练习才能熟能生巧。

　　• 当学员能以合理的熟练程度完成某项任务时，引入一些挑战（速度或能力）或
技能变化。

5 启发式教学或提问教学

启发式教学是基于以学员为中心的教学原理，要求教员给学员讲解，使他们达到预先确定的目标。利用学员的背景知识，提问以引导学员确定下一步的程序、知识的逻辑应用或问题的最后解决方案。课程中学习进度取决于学员的感知力和理解力。应提问以复习先前学过的材料。启发式教学的过程开始于学员对新材料理解并提出建议。

多年来，大部分优秀教员都使用启发式教学。由于要求每名学员参与教学活动，启发式教学对小型团队和单个学员更有效。只要知道或确定学员的合适水平并相应推进教学进度，启发式教学对不同知识水平学员同样适用。根据所学的主题，有些课程可以完全是"启发式"的，但是更常见的是解释（解释某些材料可能更有效）与启发式教学（主题的关键内容由学员推论）相结合。几乎所有课程都需要适当采用一些启发式教学。

启发式教学的主要优点是促进学员有效学习，因为它满足了学习的所有基本方面。由于学员参与有意义的活动，当口头回答问题时，他们被迫思考所学的材料，从而保持了兴趣，获得了成就感，产生有效的学习。另外，教员不断收到反馈并确认学员的进步。

仔细计划启发式教学很关键，因为教员必须提出适当的问题以便要求学员参与推论。必须遵守标准的提问技巧，并机智谨慎处理学员的回答。除掌握主题材料外，教员还必须能灵活运用。必须允许充足的讨论，但也要充分控制以达到课程目标。在课程中，经常做一些必要的总结，以巩固所学的材料。

新教员经常对启发式教学比较担心。经验表明，如果在学习过程中让学员积极参与，学员的表现总能让教员感到吃惊。在飞行预备教学中授课的缺点是教给学员的材料经常是他们已经知道的或者他们自己可以简单推论出的。只有在引导学员自己有条理地推论出问题解决方案时，教学效果才是最佳的。有效学习的重要方法是保持学习过程中学员思想活跃。启发式教学促进了学员思考。

6 学习进步速度

6.1 学习速度

如果学员学习速度不变并可预测，那就方便了，可事实并不是这样。学员有的时候进步快，然后突然变慢或者甚至倒退。这种变化是可以预见的。教员的责任是尽快发现问题，通过调整教学尽可能消除问题的根源。

6.2 进步和"高原期"

在学习初期引入新任务时，学习进步快，然后随着熟练性的获得而变慢。如果用图形表示，学习速度的下降表现为上升曲线平缓（见图 3）。当学员有能力将训练的其他方面综合在一起时，学习又开始恢复呈上升趋势，只是上升率很平缓。

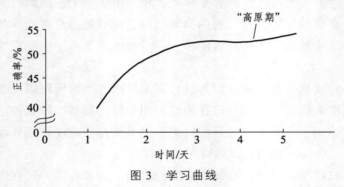

图 3　学习曲线

学习曲线相对水平的部分称作"高原期"，表示学员应用新技能的最佳训练阶段。新技能与其他学习任务的相关性不明显。

学习中的进步速度受许多外界因素影响，通常是不可预测的。学习速度的影响因素如下：

- 注意力分散。
- 落后或缺乏能动性。
- 情绪波动。
- 令人沮丧的计划。
- 天气。
- 设备故障。
- 不可避免的缺席。

在学习速度衰退或"高原期"，学员学习更为复杂的操作时更容易出现学习速率的衰退或"高原期"，如悬停或过渡飞行科目。这通常是由于学员尚未掌握某个基本操作要素，导致在执行后续操作中出现缺陷。当掌握了这一基本要素，学员又恢复了正常的进步。教员仔细分析缺陷并将教学聚焦在相关的操作阶段，从而加速学员的进步。

离开有效的教学，学员将可能无法理解他们为什么无法取得进步，从而变得灰心。这种灰心可能延长"高原期"。当学员灰心时，教员应介入以发现和纠正问题，并提供特殊动机，直到学员恢复正常进步。

有时会出现倒退的情况，学员的表现在练习中不断变差。一般而言，这种倒退是因为对某机动动作或操作的某个基本要素存在不良习惯。这种不良习惯造成学员重复练习错误的操作，致使纠正变得非常困难。教员不得将这种差错和误解视为学习过程中的正常"高原期"，而应在恢复进步前纠正它们。

在学习的高级阶段，进步速度可能非常慢。例如，一个动作的得分为 9.6，如果不断练习以提高得分至 9.8 或 10，则需要大量的训练和练习。学员可能在初级阶段为飞行考试做好了准备，额外的训练仅能带来非常缓慢的改进。

如果教员在一个阶段、要素或机动动作中教太多重点内容，学员的学习速度也会出现倒退，甚至会损害学员其他方面的进步。

7 个体差异

当教员发现精心制订的教学计划并不能对所有学员取得同样的效果时，可能感到泄气。这是正常现象。学员的差异表现之一是他们的学习效率很少相同。学习效率的差异与学员的智力、背景、经验、兴趣、学习的意愿以及心理、情绪和生理因素有关。教员必须认识到学员是不同的。认识到这一事实便确定了教学内容的多少、教学的进度以及教学的时机。

7.1 个性差异

·态度：学员有自己的态度和思维方法。思维方式对各种理念的反应及训练方式应协调一致。教员必须考虑态度是由遗传因素还是环境因素造成的。

·兴趣：人们感觉具有特殊的意义、用处或吸引力的观点和活动才与他们相关。兴趣通常可分为三大类：职业、教育和爱好。学员对不同的飞行方面的兴趣不同。应努力利用学员的兴趣，按需将学员引向不同的领域。

7.2 情 绪

·情绪：在学员训练中起到重要作用。教员必须知道情绪的种类以及控制情绪所需的技巧。绝大多数人认为情绪难以控制，如同情、怨恨或悲痛。这些并不是典型的情绪。我们做每件事或接触某物，都带有一定的情绪。情绪使人怡然自得、感到不愉快、情绪紧张甚至使人们失去生理和精神活动能力。我们每天都会遇到各种情绪。情绪极少会影响我们或干扰我们完成工作的能力或意愿。但是，飞行训练中的学员处于非正常的情绪条件中。学员处于不熟悉的环境，在较长时间内面临不断增加的压力。学习环境加剧了学员的情绪问题，超出了大家平日生活中所能预见的情绪。教员不能忽视这个问题，且必须学会认识并克服情绪问题。

7.3 情绪的程度

我们将不同程度的情绪分为三类：

·温和的情绪：这是每日发生的情绪类型，如对工作、生活或他人的一点点满意或不满意。温和的情绪影响动机。

·强烈的情绪：这种程度的情绪不会在每日生活中经常遇到，但会导致飞行训练中的大多数情绪问题。强烈的情绪造成个人紧张，长期紧张使人无法正常生活或工作，但是强烈的情绪是可以应对的。

· 破坏性的情绪：这是非常剧烈、根深蒂固的紧张情绪，可以破坏人们的逻辑行为和清晰的思考。遭受破坏性情绪的人通常要求心理学家的帮助；好在这些问题极少发生，教员只需要知道它们存在即可。

7.4 强烈的紧张情绪影响

人们无法容忍强烈的紧张情绪，它会导致极度紧张不安、易怒和无法放松，干扰正常的饮食和睡眠习惯，通常使人感到痛苦。每个人有意识或潜意识地试图减轻长时间的情绪紧张。

紧张情绪对学习的影响取决于学员所用的减缓紧张的方法。如果直接针对问题并解决，那么可改进学习。例如，在飞行训练大纲某个阶段出现了缺陷，学员会有强烈的挫折感或担心。如果他们努力工作、学更多的知识并且接受额外的指导，则可能取得令人满意的进步，从而消除紧张情绪。另一方面，如果避开实际存在的问题，采用逃避机制来减少情绪紧张，学习会受到影响。

7.5 情绪逃避机制的使用

飞行训练中的学员通常使用下列逃避机制。偶尔使用逃避机制对于每个人而言是正常的，但过度使用，表明存在强烈的情绪问题。因此，教员必须学会识别学员使用逃避机制的征兆。

· 转移：将自己的责任转移到其他人或事上。
· 合理性：对自己的行为或失误找一个可信的借口，试图使不合理的行为合理化。
· 放弃：听任事态发展。
· 逃避：从身体或精神上将自己从产生紧张的情况中脱离出来。
· 侵略性：将自己的紧张转移到别人身上，变得好斗或好争辩。

学员过度使用上述一种或多种逃避机制，并伴有其他征兆，表明可能存在情绪问题。教员不应等到学员紧张情绪极端化才采取措施，而应提前行动。

7.6 满足差异

教员必须意识到学员的天资、个性和情绪不同，并理解区别对待学员的必要性。当分析情况并确定差异时，从经验丰富的教员那里获得必要的帮助。应尽力减小理解方面的差异水平，最好能提升学员的水平，同时又不影响其他学员的进步。应对学员的差异可能是教学中最具挑战性的问题，找到针对每个学员的正确方法非常重要。

学员的一些特征和差错是常见的，可轻松识别出来。在下面的段落中一起讨论问题表现与建议的纠正措施（见表 2）。

表 2　学员特征以及如何应对

建议的措施	问题												
	学得慢	无所不知	羞怯	浪费时间	太好斗	敌对	学得快	埋怨	不成熟	奉承	拖延逃避	专横	疏忽
提供更少的工作	•												
提供更多的工作		•			•		•			•		•	
给予更多单独指导	•		•								•		
耐心纠正错误	•		•										
不提供躲避责任的机会		•		•				•			•		•
严格检查学员的工作								•			•		•
让学员知道预期		•		•		•		•					•
确定抱怨的有效性								•					
给予学员更多的责任				•	•	•		•				•	•
给予更困难的任务							•						
要求学员证明能力		•							•	•		•	
让学员单独工作				•	•						•		
保持学员了解进度	•										•		•
告诉学员为何进度差			•	•			•				•		
首次出现时检查									•		•		
与学员单独谈话	•	•			•			•			•	•	•

　　•紧张或不自信。学员的紧张或不自信是一种可能消失或不消失的特征。原因是教学可能进度太快，材料可能未吸收。反复强调基础知识并确保学员已掌握，通常可减缓这种情况。教员必须确保这种类型的学员得到应有的赞扬，应避免严厉地指责。在对待这类学员时，一定要有耐心。学员一定意识到教员在尽力帮助他。紧张的学员可能非常不安，觉得自己不适合参加飞行员训练。应避免包含极端直升机姿态的机动飞行，除非是课程要求的。花时间慢慢培养学员，使其逐步做好练习的准备。

　　•过于自信或自负。教员必须首先确保这类学员具有与其自信相一致的能力，如果是，设置要求更高、精准度更难的任务。对学员不完美之处更多的批评是合适的。如果学员能力不强，可能需要心理辅导。学员表现出精通训练内容时，必须使其受挫。

　　•忘记所学知识。训练开始时，学员可能忘记以前学过的内容。学员存在这个问题时，教员应更有耐心，同时学员需要比一般学员投入更多的复习。花额外的时间对

- 26 -

这种学员再次介绍、讲评以及更多的学习，对所有相关学员都有益。

·不一致性。一些学员在整个课程中的不同时间表现出飞行熟练性的不一致。这种情况有多个原因，必须尽力找出特定学员的原因。教员必须审查自己以及对学员的态度。大多数人有状态差和状态好的时候，但当学员的熟练性波动大时，教员必须在教学活动中密切观察，可能需要改变方法或更换教员。

·起步慢。学得慢的学员是那些难以同时做一件以上事情的学员。对这些学员，必须要有耐心，这样虽然学员进步可能慢，但对学员的鼓励是有用的。

·起步快。学得快的学员通常是因为先前接触过飞行训练且迅速掌握了初始飞行练习。教员在做简令时不应省略任何内容。在引入新工作时，观察学员的弱点迹象。这类学员通常在单飞后不久学习速度减慢到与其他学员一样。不要期望学员在整个课程中保持高度熟练性，除非学员具有高于平均水平的能力。

·不成熟。不要对那些表现得不成熟的学员太严厉。教员会发现，在短时的飞行训练环境中，学员可能会取得很大的进步。教员的态度在树立榜样中极为重要。教员必须鼓励并帮助那些学员成为有责任的飞行员。

·晕机。一些学员可能因飞机运动、低过载、恐惧、幽闭恐惧症、紧张或兴奋而晕机。教员必须尽力确定是什么影响了学员。当出现晕机征兆时，尝试一些预防方法，比如让学员平直飞行、停止教学、引导放松、交谈等，避免学员晕机。

8 教员与学员关系

在建立良好的教员学员关系时，教员要承担主要责任。为了顺利开展教学，要求教员与学员的关系必须达到三点。第一点：学员必须保持纪律和尊重教员——这是作为领导者所必需的。第二点：学员必须遵守教员的指令，尤其是在直升机里。第三点：学员必须以教员为榜样，努力执行教员的指导和改进建议。

帮助学员解决问题的愿望是教员与学员关系的重要部分。明显表露出愿意帮助学员解决问题，比其他任何事情都能得到尊敬、忠诚和配合。要展示教员的意愿，并以商讨的方式解决学员的问题。这是一个持续的过程，并随时进行非正式的商讨，帮助学员解决训练问题。

教员希望能教出好的学员，能在整个课程中使用教员所灌输的主动性、判断力和技能。如果要学员尊重而不是担心或怨恨教员的权威，教员必须做到公正、严格和友好。为具备好教员的品质，教员可采取下面的方法：

· 鼓励学员设定目标，这对他们的航空事业是非常有益的。教员的模范行为和崇高的理想有助于他们设定目标。

· 果断。权衡所有必要的因素，做出决策，然后坚定不移地执行。

· 了解学员的背景、问题和成绩，让学员知道教员了解他们，对他们感兴趣。

· 尊重学员的权利，在纠正错误时，采取直截了当的方式，不要挖苦讽刺。

· 承认自己的错误。承认"你是对的，我错了"可大大增加学员的士气。

· 如果教员不知道相关问题的答案，如实说出来，并寻找答案后，再告诉学员。

· 热情。教员的热情反映在学员的学习中。

· 鼓励学员积极主动、自信，要有自己的想法和建议。为此，引导学员自己找原因而不是驱使他们严格遵守。但是，应强调有些界限是学员不可跨越的。

· 公平公正：不要表露出偏爱。

· 不要吹嘘，否则教员以后的教学可能不再被信任。

· 幽默。适当的幽默可产生好的效果，在讲授较难话题时可应用，但不要过于幽默，否则会冲淡教学主题。

· 如果教员怀疑学员的进步或积极性，安排单独的检查。也许教员的教学方法需要做一些改变。极端情况下，如果学校情况允许，可能需要更换教员。

· 意识到驾驶舱内部通信需要合适的用语、口语水平、口齿清晰并且遵守纪律。

· 教学员充分了解直升机，充满热情地飞到直升机飞行包线极限，并知道他们能做什么、不能做什么，而且要非常清楚区分自信和盲目蛮干。

· 对所有单飞科目做好计划。向你的学员做全面的飞行前简令和飞行后讲评，确保他们清楚理解要求和练习的目标。通过全面的讲评可以发现其他难以发现的问题。对于学员，不讲评可能意味着教员觉得该练习不重要或者缺乏兴趣。

· 当学员参加了飞行考试后，教员应出席讲评会。这样会发现学员飞行时遗漏的一些问题，并且在口头讲评中能获得书面报告中无法获得的一些细节。

· 保持职业形象。

9 缺陷分析

9.1 缺陷分析的方法

缺陷分析是所有级别飞行训练所必需的。相比较更好的飞行能力而言，有效讲评的能力更能成为区别好教员和差教员的标准。必须明白，缺陷分析的唯一目标是改进学员表现。有效的批评包含三个基本要素：

（1）优势。

（2）缺点。

（3）具体改进建议。

缺少任意要素，缺陷分析是无效的。

优势分析给人以满足感，表明教员认可学员。如果不能发现优势，则难以让学员相信所发现的缺点是准确的。积极强化学员的优势比提出的改进建议更有效。

分析缺点的必要性是显而易见的。这引出第三个要素：具体改进建议。当批评学员时，考虑下列因素。如果不能提出纠正措施，则说明学员没有该缺点。积极的建议是改进未来表现所必需的；教员应限制自己最多提出三个缺点并提出纠正措施。试图一次性纠正学员的所有缺陷会导致学员无法纠正任何缺点。在实际飞行教学中，应尽力指出一个重要的缺点，然后再考虑下一个。如果每次学员参加课程时取得明显的进步，则他们能学到更多。

在进行缺陷分析时建议的方法如下。

1. 空　中

· 识别主要优势。

· 指出主要缺点。

· 提出主要缺点的改进建议。

2. 地　面

· 识别主要优势。

· 指出最多三个主要缺点。

· 这些主要缺点的改进建议。

考虑主要缺点的方法之一是："哪个缺点，如果现在纠正，可使其他大量缺陷得到纠正？"随着学员表现的改进，那些先前被视为小缺点的现在成了唯一的缺点。所有的缺点都应处理，但要有顺序：重要的排在前面。

9.2 有效的缺陷分析的特点

有效的缺陷分析总是追求最大客观性。教员不得让个人偏好影响特定飞行的评分或分析。在学员个性和飞行技巧方面都要考虑客观性。有时会出现性格冲突，但作为职业教员，应尽力减小这种情况。在飞行技巧方面，教员可能变得教条，仅接受一种机动飞行的方法。教员应始终牢记，正确完成相同机动飞行的技巧是多方面的。

教员必须在分析中保持一致性。在环境相同的情况下，对于相同的差错要始终赋予同样的重要性。没有一致性的原则，学员会认为教员是一个武断或偏心的人。

诚实是最好的批评策略。教员可能通过给一个更高的分数来鼓励差学员，但这会影响到教学的有效性。学员必须知道其真实的情况，并获得具体的改进建议，这是缺陷分析的唯一目的。

10　地面理论教学

课堂教学，通常多人参加，涵盖所教课程的内容。地面教学时要让学员做好笔试准备，另外，教学内容也可扩展到空中练习相关知识。

地面理论教学要有一个合适的教学内容主题清单，涵盖学员在参加飞行预备教学前应掌握并熟悉的所有内容。这些内容不应作为飞行预备教学或飞行前简令的一部分。

11 飞行预备教学

　　课堂式教学，通常是一对一的，但也不排除小组教学，涵盖空中飞行练习所必需的步骤。尽管飞行基本理论在地面理论教学中已涵盖，但有些理论有必要就其与具体的空中飞行练习相关的知识点再次解释。从根本上讲，飞行预备教学应涵盖"如何实施空中练习"。

　　这是教员在介绍新的空中练习科目时所做的地面准备课程。要达到最佳效果，应该在相关训练飞行前不超过 24 h 进行，教学小组在同一训练阶段的学员都可以参加。

12 飞行前简令

在进行空中练习之前，一对一地进行讨论，以确保学员确切地了解将要发生什么。这是关于本手册第 2 部分空中教学的一个实用简令。应避免讲理论，因为已在之前的教学中包含了此内容，但应包含下列重要内容：

- 我们要做什么？
- 我们将怎么做？
- 安全因素。

这与地面教学内容区分开，在所有飞行前，无论飞行中是否有新的练习，都应进行。当学员单飞前，这尤为重要。飞行前简令包含的内容有：

- 气象和机场条件以及航行通告。
- 将使用的直升机，其油量状态以及其他相关信息。
- 实施练习的地点。
- 起飞时间、飞行时间以及直升机应返回基地降落的时间。
- 飞行中应包含的科目练习的顺序。
- 相关飞行技术点的回顾。

13 飞行中教学

飞行练习是所有地面训练和准备的最终目标。为取得最大成效，必须在飞行前简令后立即飞行，并且为避免混淆，应按照简令的内容飞行。下面是实施飞行训练的指南，并根据每个学员的要求进行必要的调整。

13.1 直升机操纵

关于谁在操纵直升机不应有任何疑惑。交出和接管操纵的程序如下：

• 作为机长，当教员打算让学员来操纵时，清楚说出"你来操纵"。学员只有在准备好时接管操纵，并始终喊出"我操纵"。在教员听到这个词之前，不要放弃操纵。把这部分称作"你来操纵"。

• 当教员打算接管操纵，喊出"我来操纵"，然后接管操纵，确保学员在放弃操纵时喊出"你来操纵"。把这部分称作"我来操纵"。

• 作为机长，教员有最终权力。教员交出或接管操纵的要求不应受到学员质疑，而应由学员尽快执行。

• 当学员操纵时，教员不得悄悄帮忙操纵。这样学员可能感到教员在操纵，有时学员在某些情况下会停止操纵直升机（因为学员误认为教员在操纵），从而导致危险情况。此外，教员可能剥夺了学员独立完成机动飞行的感觉。这在一些关键机动练习动作中要注意，如接地自转练习时处于无人操纵直升机的情况，此时教员几乎没有时间纠正差错。该程序应在任何时候都遵守。

13.2 飞行中教学

对于大多数新的练习，教员首先应该复习此机动动作的要点，然后给出一个完美的演示。复习必须简短，包括空速、功率设定、高度等。通常，复习要点可以问学员，确保学员已经获得这些信息。演示应是一个完整的机动动作，为学员设定一个最终达到的标准。

对于复杂的机动动作，在完美演示后，演示该机动动作的一小部分，并在演示前、演示中或演示后给出简要的解释。让学员试着完成这一小部分。密切关注任何重要差错。如果发现重要差错，立即接管操纵，并向学员解释其所做的是不正确的，然后尽快演示正确的做法。允许学员对这一小部分进行练习，然后再进入下一部分。继续演示、解释，并在密切监督下练习每一步骤或部分，直到学员完成整个机动动作。然后，继续练习，慢慢减少教员的指导和帮助。

随着学员技能逐步熟练，可以找出其小的差错并以相同的方式纠正。注意：熟练掌握飞行需要时间，教员应首先关注重要的差错。很多小的差错随着学员纠正重要差错而得以纠正。此外，记得对好的表现予以肯定。

如果可行，以完美演示下次课要学的机动动作来结束本次空中练习。这有助于学员在家中自学下次练习内容时能很好地理解。当然，如果下次课是复习或重复，则无须演示。

13.3　缺陷分析

当讨论学员缺陷时，始终由教员操纵直升机，这样学员可以全身心接受教学。有时，教员可以让学员以特定的顺序来分析差错。通常这在训练的后期采用。在训练早期不要对小的差错过度批评。首先纠正主要缺陷，然后随着学员的进步，纠正小的差错。如果学员在单飞中出现问题，可从学员的行动描述和直升机响应中分析。然后，在下次飞行中复习并练习纠正技巧。但是，有时学员无法识别或清晰描述问题以便在地面进行分析。应在下一次带飞中让学员进行该练习，从而分析其表现和纠正其缺陷。

缺陷分析的步骤要点总结如下：

- 发现问题。
- 纠正问题。
- 预防重犯。

13.4　飞行教学计划

为有效利用可用的时间，教员应制订飞行计划，避免两次练习之间的延误。应考虑燃油限制、区域限制和天气条件。教员制订的飞行计划应使一个练习合乎逻辑地直接接上另一个练习，从而提高效率，花最少的时间进行另外的科目训练，如改变高度或从一个区域飞到另一区域。

14 飞行后讲评

与学员一起回顾飞行中实施的练习情况。对于带飞，讲评应包括优势、缺点和改进建议，同时还应简要介绍下次训练，并布置学习任务。

所有的飞行、带飞和单飞后都应讲评，要点包括：

·学员对飞行和表现的自我评价。

·教员对学员表现的评价。这应包括优势和缺点，并提出如何改正差错的建议。

·回答学员的问题。

·若适用，布置学习任务。

注意：讲评始终应私下进行，并留意学员的敏感性。

15 飞行安全

飞行安全是飞行训练的重要方面。飞行机组和地面人员必须意识到正确安全做法的必要性。教员的作用是减少不正确、不安全或不合法的做法。教员还应发挥对未来飞行学员的态度和纪律性的影响。为取得成功，要求教员具有正确的态度、合理的监督、严格的执法以及适当的训练。学员以你为榜样：教员必须做出榜样！

经验丰富的教员是好的飞行技术和飞行纪律的榜样。教员积累经验时，学会识别不安全做法，并纠正它们。飞行安全的练习需要：

- 警惕不安全做法，采取合适的行动。
- 当看到不安全做法时，告诉相关人员，并跟踪情况。
- 向学员和其他飞行机组和地面人员推广有效的飞行安全原则。

所有人员的飞行安全意识必须成为主流意识。注意识别并严格消除不安全的程序。在教学中，始终强调燃油意识、适当向外观察以及直升机中存在松散物体危害的重要性。

16　良好教学检查单

每位教员应：

（1）告诉学员课程中对他们的具体要求以及课程结束时的要求是什么（介绍"是什么"）。

（2）向学员介绍主要教学内容：

① 使用可视化工具（如白板、情况介绍板或其他视觉教具）。

② 参考视觉教具做口头介绍。

（3）告诉学员课程的目的，强调新知识或技能的益处（介绍"为什么"）。

（4）告诉学员所学课程在整个培训中的位置。

（5）将课程与学员的过去或将来的经历关联起来（介绍"在哪里"）。

（6）在学习新材料前，证实学员处于要求的水平。

（7）分阶段介绍新材料。

（8）介绍课程的每个阶段，并提供它们的关系。

（9）在整个课程中采用下列方法获取学员的反馈：

① 提问。

② 观察学员的技能表现。

③ 观察学员（观察面部表情）。

④ 让学员提问。

（10）对反馈做出响应：

① 回答问题。

② 制止学员的不正确步骤。

③ 回顾材料或步骤。

④ 提问。

⑤ 纠正出错的学员。

⑥ 解释为什么学员的表现不正确。

⑦ 口头支持。

⑧ 重新教一次（如有必要）。

⑨ 对学员好的表现给予表扬。

（11）对所教内容表现出热情。

（12）合理运用语速、音量和语调。

（13）在介绍新材料时，让学员回答与课程目标相关的问题。

（14）使用正确的提问技巧。

（15）使用各种训练教具尽可能多地吸引各种感官，帮助实现课程目标。

（16）对课程的要点提供充足的有意义的练习，使学员有信心实现目标。

（17）针对教学点的重要程度分配时间。

（18）识别并当场或者之后尽快纠正学员的差错或错误。

（19）使用清晰的用语解释。

（20）以逻辑顺序讲课。

（21）对课程的关键领域定期复习。

（22）总结每一阶段的要点。

（23）在每一阶段结束时评估学员的学习水平。

（24）在课程将结束时测试学员对整个课程要点的掌握。

（25）提供最后总结，把所有阶段与课程的目标联系起来。

（26）告诉学员新知识或技能将如何给他们带来好处，再次激励学员。

（27）确保在与学员见面前对计划的课程已做好了准备。

第 2 部分　地面和空中教学练习

本部分概述各个练习的目的、学员开始空中练习前必须具备的基础背景知识以及各个空中练习的简要论述。

1 绪 论

本部分给出了一系列练习。这些练习是具体的技能，单个或一组技能形成一个单元供学员方便学习。

大多数情况下，向学员介绍新的练习时，教员应能遵循所示的顺序。但有时，直升机型号、天气或其他一些局部因素会导致教员改变训练顺序。有时学员的学习速度允许将两个或多个练习组合在一个空中练习中。实施的顺序和内容将取决于以下相关因素：

（1）学员的学习进步快慢和能力。

（2）影响飞行的天气情况。

（3）可用的飞行时间。

（4）教员教学技术能力。

（5）本地操作环境。

（6）训练直升机对训练科目的适用性。

在整个课程中，地面准备时应包括天气判读、航路规划及评估、飞行中天气变差时的决策，如返航、备降或进行野外预防着陆等。有条件时，使用练习器演示在飞行中进入目视环境变差的情况对飞行的影响，增强学员对避免这种可能致命飞行的环境理解和需要。

自转是最广泛涉及的科目，分三个单独的练习介绍。这是因为其在训练提纲中的重要地位以及这种顺序安排对学员的进步和安全尤为重要。另外，领航和限制区域列在本部分一个练习中。

直升机在涡环状态中的空气动力是未知的。针对这种飞行状态的练习 26 已保留，但重点是在早期识别和避让上，而不是练习改出实际形成的涡环状态。在可能出现涡环状态时，还应强调控制下降率。

一些型号的直升机容易出现尾桨效应变差现象，在训练直升机上模拟这种情况几乎是不可能的。因此，再次将重点主要放在识别和避让上，然后是改出程序。对于该科目练习，由于模拟有难度，课堂讨论是常用的技巧。

每一练习按照下列方式描述。

1.1 地面理论教学

地面理论教学时，列出学员在飞行预备教学前学会或熟悉的科目清单。这些内容不应构成飞行预备教学或飞行前简令的内容。

1.2　飞行预备教学

这是飞行教员介绍新练习时的教学内容。教员最好在相关训练飞行前 24 h 内以集体简令的形式进行。

预备教学按下列方法进行。

1. 目　标

说明目标，不要用太多语言说教员要教什么，而是告诉学员要学什么。

2. 复　习

复习先前学过的内容。这通常有助于学员理解和吸收其将获取的新技能和知识。这是讨论学员相关问题的好时机。

3. 动　机

给学员一个其学习该技能的好理由。使用适合每个学员和各种训练情况的特定术语。

4. 飞行技术

飞行技术要点对于各型训练直升机和训练条件是不同的，并始终强调训练的安全性。

5. 教学点

它们有时被广泛列出，以便包括所有直升机训练和条件。偶尔，需要修改它们以满足特定需求。

6. 证　实

提醒教员向学员提问以证实其学习情况和空中练习的有效性。为学员提供大量的机会向教员提问，以消除其可能存在的疑惑或问题。

1.3　飞行前简令

这与地面理论训练是独立的，在所有飞行前都应进行，而无论飞行中是否包含新练习。当让学员参加单飞时，这也尤其重要。飞行前简令应包含的内容如下：

- 当地的天气和气象条件。
- 使用的直升机、燃油状态以及其他相关信息。
- 实施练习的地点。
- 起飞时间、飞行时间以及预计返回基地的着陆时间。
- 飞行中包含的练习顺序。
- 相关飞行技术要点回顾。

1.4 空中练习

这是向学员介绍练习的推荐顺序。进一步演示、实践和缺陷分析的顺序随学员的不同而不同。

1.5 飞行后讲评

飞行后讲评在所有飞行、带飞和单飞后进行。要点应包括：

- 学员对飞行和表现的评估。
- 教员对学员表现的评估，包括优势和缺点，以及如何改正差错的建议。
- 回答学员的问题。
- 按需给学员布置学习任务

注意：完整准确的训练记录对于有效的培训至关重要。重要的是，训练记录应由教员在训练结束后尽快完成。每个培训阶段的记录最好包括一份全面的叙述报告，记录所提供的训练科目、训练方法、天气（如适用）以及学员的表现、进步快慢、任何不足之处，并由教员和学员签字。

1.6 教员提示

旨在帮助教员更好地履行角色。列出的内容不应包含到教员的地面或空中教学中。

2 熟悉直升机与应急程序

2.1 地面理论训练要点

让学员熟悉学校的布局，包括讲评室、休息室、停机坪等，并向其介绍与飞行训练相关的工作人员。

解释课程提纲以及课程提纲的应用方法，包括何时、何地、怎样进行地面理论训练，飞行预备教学以及飞行前简令和飞行后讲评的具体细节；如何授权带飞和单飞；如何监控进度；学员在学校训练所必需的其他信息。

2.2 飞行预备教学

1. 目　标

向学员介绍：

·直升机的特征，包括它的外部特征、座舱布局、系统和操纵机构、检查单和程序。

·跑道和空管程序。

·训练程序。

·当地飞行区域，包括主要地标。

明确以下情况的应急程序：

·地面和空中的火灾。

·发动机、机舱和电气系统的火灾。

·系统故障（在适当的情况下）。

·逃生训练，包括紧急设备和出口的位置和使用。

2. 动　机

在这个练习中获得的知识支撑了整个训练课程。了解直升机如何工作将使后续的课程更容易理解和节省宝贵的训练时间，无论是在空中和地面。

3. 飞行技术

·检查单使用方法。

·如何进入和离开旋翼正在转动的直升机。

·全面的飞行前检查。

·了解直升机的应急设备和灭火设备类型。

·飞行中任何时候应系好安全带或肩带。

- 积极交出和接管飞行操纵的必要性，如第 1 部分所讨论的。
- 明确各种手势的意思。
- 需要不断全面观察外面的其他航空器。描述向其他机组成员报告航空器钟点位置的方法。
- 飞行时的着装应与天气、运行区域和所执行的角色相符。
- 驾驶舱布局与操纵系统。
- 直升机各系统介绍。
- 质量平衡计算方法。
- 直升机飞行手册介绍。
- 训练机构其他要求了解的材料。

2.3　空中练习

识别直升机的主要部件。这些教员可在外部检查中完成，但应小心不要介绍太多细节而让学员混淆。

让学员坐在直升机飞行员座位上，介绍操纵机构和仪表的一般功能。基于直升机型号，演示如何调整使操纵更舒适和安全。

实施简短的熟悉飞行，指出主要地标，赋予学员在巡航飞行中操纵控制直升机的机会。在这个阶段不要批评或纠正学员的表现。

2.4　教员提示

- 避免在初始阶段介绍太多信息而引起学员混淆。
- 不得过于强调学习驾驶直升机的困难。
- 将本练习与学员的飞行背景和经验水平联系起来。
- 多数学员在第一次体验飞行时会感觉紧张。避免突然或猛烈地动作，否则会使学员更紧张。安全方面做好预想，飞行中要谨慎小心，防止学员紧张蹬死舵、动作粗猛或反操纵。
- 本练习为教员提供评估学员态度和性格的机会。
- 如果学员在第一次飞行中感到愉快，则可能为余下的课程打下积极的基础。
- 对那些此时看似复杂程序的解释会随着更多的接触和使用而变得更容易。
- 操纵的积极交接对安全始终是至关重要的。这在训练的早期尤为重要，因为在训练的早期，学员或者教员会"互相较劲"，两人都长时间在同时控制直升机。

3 飞行准备

3.1 飞行预备教学

1. 目　标

向学员介绍开始飞行前的必要准备。

2. 动　机

强调适当的飞行准备对于飞行安全的重要性。解释大多数直升机事故和事故征兆是由于准备差和计划不充分造成的。

3. 教学要点

解释为起飞和离场做准备的事件顺序，通常分为三个阶段：

- 飞行计划。
- 直升机文件检查。
- 直升机检查以及完成检查和程序。

指出在训练初期，由教员在飞行前简令中完成飞行计划。随着课程的开展，将要求学员逐步参与到飞行准备的所有方面。

解释机长的责任是确保直升机对拟定实施的飞行在各方面是安全合适的。

解释需要穿上或带上当时或预期天气条件下合适的救生设备、衣服或鞋，以防在基地外非计划着陆。

向学员解释若其在检查或起飞前阶段发现训练直升机上破损或不可用设备时应遵循的程序。强调学员如果对直升机的适航性有任何怀疑则不得起飞。

4. 文　件

向学员展示法律规章要求带上直升机的所有文件。解释每个文件的重要性及其对适航性的影响。

5. 检　查

在走向直升机时，指出学员应始终注意：

- 风速和风向。
- 是否存在任何直升机或障碍物可能影响旋翼启动或离场程序。
- 根据直升机型号，演示外部检查和起飞前完成的检查和程序。
- 根据直升机型号，演示关车检查和程序。

3.2 教员提示

·应仔细监控学员对外部检查和起飞前程序的练习，直到他们获得可靠的熟练性后，再进行定期检查。

·解释学员熟悉直升机及其部件的正常可用状态的重要性，这样在实施飞行前检查时容易发现不正常情况。

4 操纵的影响

4.1 地面理论训练要点

飞行理论：
- 定义。
- 直升机操纵。
- 飞行和发动机仪表功能。
- 辅助操纵功能。

4.2 飞行预备教学

1. 目　标
使学员学会：
- 飞行操纵在巡航飞行中的影响。
- 使用辅助操纵。

2. 复　习
练习"3 飞行准备"。

3. 动　机
本练习是未来直升机飞行运行的基础。

4. 飞行技术
- 对外观察。
- 交接操纵。
- 航空器限制。

5. 教学要点
- 驾驶杆操纵。

操纵驾驶杆导致旋翼桨盘倾斜，从而直升机将根据操纵驾驶杆的方向产生俯仰或滚转或两者的组合。解释副效应包含高度和转速的变化。
- 描述不同驾驶杆操纵的目视和仪表指示。

① 总矩杆操纵。

提放总矩杆导致所有主旋翼桨叶的桨矩一致变化。在巡航飞行中只移动总矩杆的主要影响是高度变化。解释副效应包括姿态、航向和转速的变化。为此，极少只提放总矩杆而不相应配合操纵驾驶杆、脚蹬和油门。这方面将在下面的练习中涵盖。

② 油门。

拧动油门环打开和关闭油门（根据机型不同）。解释相应机型的油门功能，解释副效应包含的航向和转速变化。

③ 尾桨脚蹬。

移动脚蹬导致尾桨桨叶的桨矩变化，结果是偏航。强调在巡航中，偏航是较大的侧滑运动。解释副效应包含的转速变化和指示空速（IAS）误差。空中平飞时不应使用脚蹬来改变直升机的飞行方向。

④ 辅助操纵。

描述相应机型的辅助操纵的使用（如汽化器加温、混合比、配平、旋翼刹车、防冰、风挡除雾、座舱加温等）。

4.3　空中练习

· 起飞前：

① 确保学员已舒服就座，并确保按检查单完成了所有检查。

② 演示正确使用相应机型的摩擦、配平和操纵调节。

③ 演示驾驶杆移动对桨盘的影响，包括如何使用地平线作为直升机姿态的基准。

④ 演示打开和关闭油门。

⑤ 驾驶杆操纵。

· 在安全高度上建立平直巡航飞行。

演示正常范围内的驾驶杆操纵。说明相应机型的灵敏度或滞后性。

学员练习。

当学员表现出适当的胜任能力，介绍飞行仪表指示。

· 重新建立平直巡航飞行。

演示转弯运动（柔和的中度转弯）。

学员练习。

介绍飞行仪表指示。

· 重新建立平直巡航飞行。

演示俯仰和转弯运动的组合。

学员练习。

介绍飞行仪表指示。

· 总矩杆操纵。

重新建立平直巡航飞行。

演示提升和放低总矩杆的影响，介绍目视和飞行仪表指示。

学员练习。

・油门。

若机型适用，重新建立平直巡航飞行。

演示加油门、收油门的影响（防止粗猛操纵），介绍目视和飞行仪表指示。

学员练习。

・尾桨脚蹬。

重新建立平直巡航飞行。

演示左右脚蹬移动的影响，介绍目视和飞行仪表指示。

学员练习。

・辅助操纵。

针对相应机型演示辅助操纵的使用。

学员练习。

・所有操纵。

让学员运用本练习的基本原则练习简单的飞行机动动作。强调需要平稳的运行。在这个阶段不要求操纵精确，而是监视操纵，按需跟随操纵，避免操纵量过大。

4.4　教员提示

・由于是学员的第一次飞行训练练习，应尽力认真解释一切。有必要特别强调，因为未来的所有飞行训练练习是以本练习所学基本原则为基础的。

・本练习应根据学员先前的飞行经验适当调整。

・学员在空中练习初期通常非常紧张。教员应尽全力确保学员舒适并尽可能放松。

・确保在把直升机操纵交给学员之前直升机处于适度稳定状态。

・强调在开始转弯前口头证实。

・使用直升机模型可使飞行预备教学更有效。

・在这个阶段强调正确舒适姿势的必要性。

5 功率和姿态变化以及平直飞行

5.1 地面理论训练要点

飞行手册：发动机、传动装置和空速限制。

5.2 飞行预备教学

1. 目 标

使学员学会：

· 地平线、机身姿态与指示空速的关系。

· 选择或改变发动机功率的正确方法。

· 任何在选定空速或给定功率下实施的平直飞行。

2. 复 习

练习"4 操纵的影响"。

3. 动 机

空速和功率变化形成了所有直升机飞行的基础，并且必须平稳精确地执行。

4. 飞行技术

· 观察外面。

· 发动机和传动装置的限制。

5. 教学要点

· 空速变化。

① 解释速度如何从巡航速度减小到特定空速，如从 70 kn（129.64 km/h）减小到 50 kn（92.6 km/h）*：

向后移动驾驶杆，抬高直升机机头。

当空速稳定时暂停操纵。

按需调节空速。

② 解释增速到特定空速的方法：

向前操纵驾驶杆，放低直升机机头。

当空速稳定时暂停操纵。

---

* kn，节的单位符号，表示速度单位，国内培训直升机速度表显示为"节"，1 kn=1.852 km/h，下同。

按需调节空速。

③ 指出驾驶杆的操纵应少量柔和。避免大或快地操纵驾驶杆。

· 功率变化。

描述相应机型总矩杆和油门之间的联动关系。

描述功率变化因扭矩变化对平直飞行的影响。

· 平直飞行。

解释平直飞行是指以恒定高度和航向飞行。

描述相应机型用于平直巡航飞行的功率和空速值。

描述如何在恒定高度和航向上使用目视和仪表参考保持空速，如桨盘与地平线、空速表、高度表等的关系。

解释空速一定飞行时，使用总矩杆修正高度，以及在功率一定飞行时，使用驾驶杆修正高度。

描述如何在平直飞行中减小空速：

① 选定稍高的机头姿态（后移驾驶杆）。

② 减小功率防止爬升（放总矩杆/油门）。

③ 防止侧滑（脚蹬）。

④ 暂停以使空速稳定。

⑤ 按需调节功率和空速。

描述如何在平直飞行中增加空速：

① 选定稍低的机头姿态（前移驾驶杆）。

② 调节功率防止下沉（提总矩杆/油门）。

③ 防止侧滑（脚蹬）。

④ 暂停以使空速稳定。

⑤ 按需调节功率和空速并使用脚蹬保持平衡。

5.3　空中练习

· 复习先前的空中练习。

演示空速变化。

学员练习。

· 演示功率变化。

学员练习。

· 演示以巡航功率的平直飞行。

学员练习。

· 演示平直飞行中的空速变化。

学员练习。

·让学员尝试在每次练习结束时短暂悬停，直到完成练习"12 过渡飞行"。

5.4 教员提示

·学员在该练习中经常将注意力集中在飞行仪表上。必须小心确保学员建立了仪表和外部参考之间正确的扫视，并保持很好地观察外面。

·本空中练习初期空速的变化将导致高度的变化。因此重要的是在 300 m 离地高度（AGL）或更高的高度上，好天气条件下实施本练习，避免太接近障碍物而使学员分心。

·在恒定高度和航向上改变空速是一项有用的协调练习，可在整个训练课程中的不同阶段进行复习。

6 爬升、下降和转弯

6.1 地面理论训练要点

飞行手册：相应机型的功率限制和性能数据。

6.2 飞行预备教学

1. 目　　标

使学员学会如何以推荐的空速和功率调定值爬升和下降。

使学员学会如何执行：

中等坡度（20°）水平转弯。

中等坡度（20°）爬升和下降转弯。

2. 复　　习

练习 5 中"功率和高度改变"内容。

3. 动　　机

精确操纵直升机对于本次及以后的空中练习是至关重要的。

4. 飞行技术

- 观察外面。
- 直升机限制。
- 爬升和训练教学要点。
- 说明本练习中相应机型使用的功率调定值和空速。
- 描述如何从平直巡航飞行进入爬升：

观察外面。

增加功率至要求的调定值，调节姿态以获得所需空速。

防止侧滑。

配平（若适用）。

- 描述如何从爬升改平到巡航：

预计要求的高度。

选定平直巡航飞行的姿态。

当获得所需高度和空速时，允许空速增加。

减小功率至巡航功率调定值。

防止侧滑。

配平（若适用）。

·描述如何从平直巡航进入下降：

观察外面。

减小功率至要求的调定值。

防止侧滑。

为下降速度选定姿态。

按需调节配平。

·描述如何从下降改平到巡航：

预计要求的高度。

增加功率至巡航功率调定值。

防止侧滑。

为巡航速度选定姿态。

按需调节配平。

·描述如何直接从下降进入爬升：

观察外面。

增加功率至爬升调定值。

防止侧滑。

按需保持空速或选定爬升速度。

5. 转弯的教学要点

·定义适用于轻型直升机的坡度角，并解释如何判断坡度角。

小坡度-15°以下。

中坡度-15°至30°。

大坡度30°以上。

·水平转弯。

描述如何进入水平转弯：

观察外面。

参考地平线左右移动驾驶杆选定坡度角。

·描述直升机以恒定坡度角水平转弯的目视和仪表指示。

·描述如何保持。

左右移动驾驶杆保持坡度角。

前后移动驾驶杆保持空速。

使用总矩杆保持高度。

使用脚蹬保持无侧滑飞行。

·描述如何改出到选定航向。

预期航向。

按需左右移动驾驶杆。

·爬升和下降转弯。描述如何开始、保持和从爬升和下降转弯中改出。指出与水平转弯技巧的相似性。

6.3 空中练习

·复习平直巡航飞行。

演示以选定功率和空速建立爬升，并改出进入巡航飞行。

学员练习。

·演示以选定功率和空速建立下降，并改出进入巡航飞行。

学员练习。

·演示爬升到预选高度。

学员练习。

·演示下降到预选高度。

学员练习。

·演示直接从下降进入爬升。

学员练习。

如果学员轻松掌握了该练习，则可以介绍转弯。

·演示小坡度和中坡度双方向水平转弯。

学员练习。

·演示中坡度改出到指定航向。

学员练习。

·演示爬升转弯，改出到指定航向，并在指定高度改平飞。

学员练习。

·演示下降转弯改出到选定航向，并在指定高度改平飞。

学员练习。

6.4 教员提示

·强调需要观察外面，特别是当其他航空器低于地平线时尤其难以发现。
·练习左右方向的转弯以显示直升机不同的目视参考，这是非常重要的。
·由于逐渐把重点放到精确度上，应教学员如何监视仪表而又不影响观察外面。
·大坡度转弯单独列在练习 18 中。
·自转转弯单独列在练习 16 中。

7 悬 停

7.1 地面理论训练要点

（1）地面效应。

飞行手册性能章节：

· 有地面效应的悬停。

· 无地面效应的悬停。

（2）高度/速度（HV）图-相关风险。

7.2 飞行预备教学

1. 目 标

使学员学会如何悬停。

2. 动 机

这个练习是所有直升机运行的基础。

3. 飞 行 技 术

· 观察外面。

· 发动机限制。

4. 教 学 要 点

· 悬停。

悬停定义为在给定地面位置上方保持恒定高度和航向。

说明相应机型的悬停高度。

解释逆风悬停会使直升机更容易控制，使用更少的功率。

解释悬停中操纵装置的影响：

① 驾驶杆。

驾驶杆是控制桨盘姿态，从而控制直升机在地面上方的位置。桨盘姿态变化紧跟带来机身姿态的变化，导致直升机在地面上方移动。在一些型号的直升机上，这种运动具有一定的滞后性。

从任何方向的移动中恢复悬停要求两种姿态变化：一个是停止移动，另一个是稳定直升机。

驾驶杆的所有移动应是小量的。按需应用驾驶杆配平。

② 总矩杆。

总矩杆控制在地面上方的高度。

除非采取措施，总矩的改变将产生偏航和转速变化。

③ 油门。

针对机型，描述使用油门保持转速。

④ 脚蹬。

描述脚蹬移动对航向和转速的影响。

描述保持悬停所用的目视参考，并强调视线应在直升机前方 5 ~ 8 m 处的重要性。

7.3 空中练习

·演示逆风悬停驾驶杆的使用。

学员仅使用驾驶杆练习，直到学员能比较轻松保持悬停姿态。

·演示总矩杆和脚蹬的使用。

学员练习。

·学员练习使用所有操纵装置。

·演示逆风或顺风所需的功率差异，有地面效应并且在各类道面上（如柏油碎石路面、草地）的功率差异。

7.4 教员提示

·本练习需要高度的协调性，学员在练习 1 ~ 6 获得合理的胜任能力前，不应进行本练习的教学。过早进入本练习可能导致学员和教员受挫和过度疲劳。

·可以采用慢速飞行来介绍悬停。该程序在合适的无障碍区域迎风慢速飞行。速度和高度逐步连续减小到直升机在地面效应影响下以步行速度向前缓慢移动，然后在再次向前飞行前短暂停下来。这些短暂的暂停事实上就是悬停期间，但是非常短暂，随着能力的改进而逐渐延长时间，直到完成长时间的悬停。该程序在练习 12 中描述。

·无论采用哪种教学方法，学员通常很快变得厌倦。空中练习应保持简短，并且在一出现疲劳现象就停下来。

·最初，学员无法同时使用一个以上的操纵装置，这时可能需要限制某一个操纵装置的行程。

·经常休息，使学员放松，尽力练习其他内容或实施其他演示，使学员从悬停中得到休息。

·在长时间的悬停中，密切关注温度、压力和风速。

8　起飞和着陆悬停

8.1　地面理论训练要点

动态翻滚。
地面共振。
飞行手册。
桨叶失速。

8.2　飞行预备教学

1. 目　标
使学员学会如何起飞进入悬停以及从悬停到着陆。

2. 复　习
练习"7 悬停"。

3. 动　机
起飞和着陆阶段全面准确的直升机操纵对于飞行安全极其重要。

4. 飞行技术
起飞前和悬停检查。

5. 教学要点
·起飞。
描述相应机型从起飞到迎风悬停的程序，包括：
① 起飞前检查。
② 起飞中操纵的影响：
驾驶杆控制直升机的位置。
总矩杆控制高度。
脚蹬控制方向。
·相应机型的悬停检查，包括：
① 重心检查。
② 悬停所需功率。
③ 操纵响应正常。
指出桨叶失速的危害，针对机型描述避免和改出动作。

描述动态翻滚初期的征兆，避免和改出动作。

·着陆。

描述相应机型从迎风悬停到着陆的程序，包括：

① 需要从稳定悬停中开始该机动动作。

② 从悬停到着陆过程中操纵的影响：

使用驾驶杆保持位置。强调需要避免侧向或向后漂移。

使用总矩杆控制下降率。

使用脚蹬防止偏航。

③ 指出在微风或无风条件下着陆，需要注意逐渐增强的地面效应。指出相应机型需要预防地面共振。

8.3 空中练习

·演示起飞至悬停。

·演示悬停检查。

学员练习。

·演示悬停到着陆。

学员练习。

8.4 教员提示

·在学员能持续保持稳定悬停后才进行本练习的教学。

·确保学员保持观察视线在直升机前方，而不是低头看地面。

·在初始的着陆尝试中，密切监视总矩杆，防止突然过猛地操纵。确保一旦着陆，平稳地将总桨距杆放到最低。

·在这些机动飞行中，通常应努力保持操纵平稳精确而不是速度。

尽管如此，应培养学员技巧，使接地干净利落，尤其是在容易出现地面共振的直升机上。

当学员操纵平稳精确时，介绍从"滑橇开始离地"条件上升到低于正常悬停高度的悬停，避免动态翻滚。

应注意会有一些学员在快接地时试图左右晃动驾驶杆来"感觉"地面。

·与悬停一样，本练习非常容易疲倦，所以按需在其中穿插一些其他练习。

9 空中/地面滑行和定点转弯

9.1 地面理论训练要点

飞行手册：性能章节。

9.2 飞行预备教学

1. 目 标

使学员学会如何：

·在悬停中转弯。

·悬停滑行。

2. 复 习

练习"7 悬停"。

3. 动 机

直升机机动飞行的大部分环境都是在地面和障碍物附近，尤其是在限制区域和指定降落场。这是重要的练习，必须完全掌握。

4. 飞行技术

·观察外面：障碍物。

·直升机限制。

5. 教学要点

·悬停中转弯。

描述悬停转弯的技巧，强调下列要点：

必须考虑风标效应的影响，防止丧失尾桨效应（LTE）。

当直升机处于顺风、侧风和大风条件下时，可能存在方向控制问题并且需要增加功率。

在所有悬停机动飞行中，观察外面很重要，尤其是难以看见可能碰到起落架或尾桨的低矮障碍物。

在强风或阵风条件下，迎风飞行中的转弯应与扭矩反应的方向相反（即对于旋翼逆时针旋转的直升机，应向左转）。这样可能确保有充足的尾桨操纵可用。如果在此阶段达到操纵极限，可轻松完成安全返回到逆风飞行。

只有当直升机在要求的转速和功率调定值下稳定在精确的悬停中，方可开始悬停转弯或滑行。

在这个练习中持续使用大功率，意味着要留意发动机温度和压力。在一些型号的直升机上应避免长时间的顺风悬停，因为存在一氧化碳进入驾驶舱的危险。

在一些具有特定重心构型的直升机上（即高座舱负载），在顺风悬停中可能达到驾驶杆后极限。警惕学员出现这种可能性，并描述安全改出动作，包括：

① 转向迎风。

② 向前直线着陆。

③ 悬停滑行。

说明使用的高度和地速，将它们与安全因素联系起来。

描述操纵的影响。

9.3　空中练习

· 悬停转弯。

演示 360°悬停转弯，包括向左和向右，直升机迎风飞行开始，每转 90°方向暂停。

学员练习。

· 悬停滑行。

演示迎风悬停滑行。

学员练习。

演示顺风悬停滑行。

学员练习。

9.4　教员提示

· 本练习中的带飞应在各种风的情况下执行，防止只在静风环境进行带飞，否则学员单飞时遇到大风就可能会出现问题。

· 在每 90°方向暂停，使教员能说明驾驶杆的各种位置；当学员具有能力时，一次完成 360°转弯而不需暂停。

· 若可能，当悬停滑行时，在发动机失效或者需要在后重心情况下直升机着陆在地面上，保持滑橇平行于直升机的滑行方向。

· 绕机尾转动单独在练习 10 中列出。

· 有时，学员使用驾驶杆而不是脚蹬来帮助直升机悬停转弯，尤其是在大风情况下。

· 当学员熟练掌握基础后，介绍一些需要滑行和脚蹬转弯的悬停方式。

10　悬停侧飞和倒飞

10.1　地面理论训练要点

飞行手册：限制。

10.2　飞行预备教学

1. 目　　标

使学员学会：

· 悬停顺风、逆风侧飞和倒飞。

· 绕机尾和机头转动。

2. 复　　习

悬停练习 7、8 和 9。

3. 动　　机

悬停侧飞和倒飞以及绕机尾转动通常构成直升机运行的重要部分，因为直升机通常在障碍物附近运行。

4. 飞行技术

观察外面：障碍物。

直升机限制。

5. 教学要点

指出如果可能，向前悬停滑行比侧飞或倒飞更好。这是出于观察外面和发动机失效的考虑。

· 侧飞。

说明本练习中使用的高度和地速。

解释操纵的影响如下：

① 驾驶杆控制移动的方向和地速。

② 脚蹬控制直升机方向。

③ 总矩杆控制高度。

描述直升机限制，如风标效应、LTE 等。

解释保持对移动方向、直升机方向、高度和仪表的扫视极其重要。

· 倒飞。

说明本练习中使用的高度和地速。高度通常较高，以确保尾桨有充足的离地高度；速度较小。

解释操纵的影响。

描述目视线索，并指出当试图在移动方向上观察时会有迷失方向的危险。

指出从运行角度看，极少要求长时间的倒飞。如果出于某些原因，有必要在长距离上倒飞，应经常停下来，重新检查确认是否有障碍物。

· 绕机头和机尾转动。

说明所用的高度和转弯角速度。

解释操纵的影响，并指出其与侧飞的相似性。

描述目视线索。

10.3   空中练习

· 演示双方向迎风侧飞。

学员练习。

· 演示双方向与风向成 90°的侧飞。

学员练习。

· 演示双方向与风向成 180°的侧飞。

学员练习。

· 演示迎风倒飞。

学员练习。

· 演示顺风各方向的倒飞。

学员练习。

· 演示双方向绕机尾转动。

学员练习。

10.4   教员提示

· 在进行练习前以及课程过程中，仔细勘查相关区域，尤其是灌木、栅栏、岩石、树桩以及松散物品（FOD），因为练习者将靠近地面运行。

· 本练习中，地面上的参考有助于保持精确飞行。若可能，使用直线特征，如栅栏或跑道边缘，帮助学员。如果没有可参考的，考虑在地面以大方形或圆圈（悬停块）做标记。

· 大多数学员会感到在第一次练习时，比较消耗精力。密切观察学员是否疲劳，并以起落航线结束课程。这也给直升机提供了额外的时间，使其从悬停中的高温和高功率调定值中降下来。

• 向学员演示一些悬停方式，融入目前为止教过的所有悬停练习。在让学员参加本练习的单飞前，检查风的级别是否合适。

11 悬停或悬停滑行中发动机失效

11.1 地面理论训练要点

飞行手册：高度/速度表。

11.2 飞行预备教学

1. 目　标

学员学会处理悬停或悬停滑行中发动机失效后如何安全着陆。

2. 复　习

练习"7 悬停"。

练习"8 起飞和着陆悬停"。

3. 动　机

悬停或悬停滑行与飞行一样，发动机极少失效。如果发生这种情况，直升机将迅速下降高度，飞行员能立即处置是极其重要的。

4. 飞行技术

选定合适的练习区域。

5. 教学要点

指出在正常悬停或悬停滑行高度，飞行员不可以让直升机进入自转。事实上，发动机失效后放低总矩杆会导致重着陆。该机动动作不应视为自转，飞行员可依靠旋翼系统的惯性安全着陆。

描述发动机失效时的直升机反应：

・方向偏转。

・位置漂移。

・高度下沉。

解释在接地前必须修正方向和位置漂移。应根据机型和高于地面的高度，使用总矩杆控制下沉，以缓冲着陆。

解释悬停滑行时发生发动机失效时，飞行员应避免向后移动驾驶杆，可接受向前滑行着陆。

11.3　空中练习

·悬停中发动机失效。
演示迎风飞行：
① 给出口头警告。
② 关闭油门。
③ 消除偏航和漂移。
④ 缓冲着陆。
学员练习。
·悬停滑行中发动机失效。
演示迎风飞行。
学员练习。

11.4　教员提示

·本练习应通过在每次实践前向学员提供大量警告来介绍。随后，该机动动作可快速提高到飞行考试标准，即对发动机失效练习提供尽量少的警告。

·在大多数直升机上，关闭油门并使用总矩杆缓冲着陆需要很好的人工操纵技能。由于本练习的目标是使学员对发动机失效做出反应，而不是学习油门操纵，换言之，教员应操纵油门。

·悬停或悬停滑行中的尾桨失效要求学员协调使用油门和总矩杆，并且应在训练的晚期进行。

·始终确保地面适合本练习。

·这是一个向学员演示自转着陆阶段的好练习，在即将开始全面的自转练习前，这也是一个好的技能练习。

·应小心谨慎，因为学员对模拟的发动机失效的反应可能是迅速放低总矩杆。确保在关闭油门前给出口头警告。

12 过渡飞行

12.1 地面理论训练要点

过渡飞行可结合起落航线课程进行，除非学员对于过渡飞行相关的概念有问题。

地面效应。

过渡升力。

升力不对称和桨盘向后倾斜。

尾桨漂移。

涡环。

飞行手册：

· 高度速度图表。

· 爬升和下降功率。

· 空速调定值。

12.2 飞行预备教学

1. 目   标

使学员学会如何：

· 从悬停到爬升。

· 从向前飞行到悬停。

2. 复   习

平直飞行、爬升和下降、悬停。

3. 动   机

精确地过渡极为重要，尤其是在运行环境中。

4. 飞行技术

· 观察外面。

· 风速。

· 检查。

5. 教学要点

· 过渡到爬升。

描述从悬停到爬升的过渡如下：

① 建立稳定的迎风悬停。

② 转弯以观察障碍物，检查本区域无障碍物。

③ 完成起飞前检查。

选择外部参考物以帮助方向控制，操作驾驶杆稍往前移开始运动。

同时，按需调节功率以保持高度。

向前移动驾驶杆以克服桨盘向后倾斜。

选定爬升姿态和功率。

在整个过程中，防止侧滑，按需调节姿态以保持爬升姿态。

· 从向前飞行过渡到悬停（标准进近）。

解释过渡到悬停涉及将两个独立的要求结合到一个协调的机动动作中。

① 减小高度：高度必须从进近高度减小到地面上方的悬停高度。解释直线或恒定角进近，描述目视指示。

② 减小速度：速度必须逐步从进近速度减小到悬停时的零地速。不同的进近角和/或风将导致不同进近中的空速值不相同。因此，学员学会参考地速是极为重要的。

描述程序如下：

① 以特定高度和空速迎风接近着陆点。

② 选定合适的进近角。

③ 减小功率并开始逐步减小空速，起始进近。

④ 使用总矩杆保持进近角。

⑤ 建立明显的地速（快步走的速度），并使用驾驶杆保持该地速。

⑥ 预判失去过渡升力的时机。

⑦ 在选定点上方建立悬停。

⑧ 防止偏航或侧向漂移。

⑨ 描述相应机型和当地条件的复飞程序。

⑩ 解释风速将大大影响相应直升机的性能和操纵品质。

12.3 空中练习

· 演示桨盘向后倾斜以及从悬停过渡到爬升。

学员练习。

· 演示过渡到悬停，表明恒定进近角的目视线索以及正确的接近率。

学员练习。

· 演示复飞程序。

学员练习。

12.4 教员提示

• 以恒定角和逐步减小的地速进近的概念是学员难以掌握的内容之一。在飞行前简令中使用透视图是非常有必要的。

• 教员应做好准备，学员在初期基本都无法预期进入悬停失去过渡升力时所需的功率大小。这通常导致未到着陆点接地。

• 另一个问题是低估脚蹬的要求。解释建立悬停需要更大的功率，保持直升机直飞需要更大的脚蹬量，并且只能使用外部参考物纠正。

• 强调需要评估进近与地速和对准点之间的关系。这只能通过观察直升机外部并偶尔交叉检查仪表来完成。

• 确保所用的脚蹬使直升机不带侧滑地靠近地面。

• 如果下降率高且空速低，鼓励学员复飞。

13 起落航线

13.1 地面理论训练要点

当地机场程序。

13.2 飞行预备教学

1. 目 标

使学员学会如何完成精确的起落航线。

2. 复 习

按需复习所有学过的练习。

3. 动 机

起落航线是一种极好的方法，以方便的顺序巩固学过的所有空中练习。

4. 飞行技术

• 观察外面。

• 检查。

5. 教学要点

在合适视觉教具的辅助下，描述所用的起落航线，明确方向、速度、距离、高度等。

若适用，解释无线电的使用以及空中交通服务指令的重要性。

若适用，描述加入和离开起落航线的当地程序。

13.3 空中练习

• 演示起落航线。

学员练习。

• 当情况允许，演示起落航线间隔：速度和起落航线大小，接受和/或遵守空中交通服务指令。

学员练习。

• 当达到正常起落航线的合理标准时，描述相应机型和当地条件下，在起落航线不同阶段应用练习"17 紧急情况"；以及讨论复飞。

· 演示起落航线中的紧急情况。

学员练习。

13.4 空中练习教员提示

· 当学员具有过渡飞行和先前练习的合理胜任能力时，可介绍本练习。否则，将浪费时间且挫败学员斗志。

· 当在起落航线中飞行时，鼓励学员努力做到最好，但不要太关注仪表而忽视了观察外面。

· 使学员牢记，条件不具备时应复飞而不是试图实施一个好的进近。

· 纠正任何持续存在的差错，但到这个阶段，学员应能自我批评，同时足以认识并自己纠正大多数问题。

13.5 准备首次单飞

1. 检　查

完成所有必需的检查。

持有有效的体检证。

有学员执照。

气象和空中交通条件合适，直升机完全可用且燃油充足等。

教员具有资格让学员首次单飞，完成单飞签注。

通知管制塔台（若适用）。

向学员做首次单飞简令。这应是简短的简令，在单飞即将开始前在驾驶舱中进行，向学员解释质量和重心不同，单飞实践的具体过程以及在何处终止飞行。

通知管制塔台（若适用）。

2. 学员单飞

当满足下列条件时可考虑学员首次单飞：

· 在地面和空中练习 2 ~ 17 中已达到安全标准。

· 在起落航线中已达到安全且可接受的标准。

· 某些机型对于单飞时学员飞行时间有最低要求，比如 R22/R44 型直升机。

起飞着陆：

离地和着陆应平稳和连贯，没有偏航、侧向或向后的漂移，且悬停操纵好。

过渡和爬升：

观察障碍物的转弯应在过渡前完成，作为正常的飞行技术机动飞行动作。

过渡应平稳，空速和功率调定值控制好。

二边、三边和四边：

起落航线应保持安全。学员应意识到存在的任何偏差，并能在无教员帮助下纠正。

最后进近：

学员应能安全进近并能纠正对选定进近角的较大偏离。进近速度的减小应柔和平稳。进近应以在选定点上方推荐高度上进行悬停与终止。

紧急情况：

学员必须能在首次单飞中识别紧急情况并采取纠正措施，包括起落航线上任意一点的发动机失效。

13.6　首次单飞教员提示

·首次单飞非常重要，是飞行员生涯永远难以忘记的经历，在多名学员一起学习的课程中更为重要，尤其是学得慢的学员。对于学得慢的学员，通常有必要淡化首次单飞的重要性，防止学员士气低落甚至导致学得更慢。避免提到"首次单飞的平均时间"或者减少同一训练课程阶段的学员之间的竞争精神。给学员树立信心；做好思想、技术、身体三摸底工作，了解学员的单飞信心、家庭情况等个人问题，发现问题妥善处理，消除单飞的影响因素；单飞前给学员讲评注意方式方法，防止批评多、讲问题多、肯定成绩少，应以给学员树立单飞信心为主。

·单飞前的飞行不应超过 45 min，尽量避免疲劳。不建议在实际飞行前过早告诉学员要单飞。学员的心理压力过大可能使得计划的单飞被推后。

·在让学员首次单飞前，执行充足的起落航线带飞，证实学员的连贯性和胜任能力，并证实存在合适的条件。学员起落单飞时，教员注意认真观察，记录学员飞行情况，发现明显偏差或异常动作及时提醒。如发现学员单飞情况异常，可以提前终止单飞。单飞后及时询问学员单飞的体会和飞行中存在的问题，并根据自己的记录帮助学员分析问题，实施讲评，弥补教员不能实施空中现场教学的不足。随着学员单飞时间的增加，技术的提高，教员注意给学员提高标准，加强思想和作风纪律教育工作，加强单飞有关规定、注意事项以及飞行安全教育，使学员牢固树立安全第一的思想，防止松劲、麻痹，出现违章违纪行为，还可以通过起落飞行比武等形式提高学员学习的积极性。

14 进入自转

14.1 引 言

由于本练习的复杂性，自转练习分成了三个部分。

- 进入自转：包含基本的自转及改出至爬升（练习 14）。
- 功率中断和自转接地：包含在悬停或着陆中终止自转（练习 15）。
- 自转变量：包含各种自转技巧（练习 16）。

14.2 飞行预备教学

1．目 标

使学员学会如何：

- 进入自转。
- 以最低下降率的指示空速下降。
- 复飞至爬升。

2．复 习

爬升、下降和转弯。

3．动 机

这是对自转的介绍，是基本和必要的应急程序。

4．飞行技术

进入悬停前检查包括：

- 着陆前检查。
- 观察外面，尤其是下方。
- 选定合适的预防着陆区域。
- 口头警告。

针对相应机型的进入悬停后检查。

航空器性能限制，尤其是旋翼转速。

5．教学要点

解释直升机在自转中是完全可机动飞行的。

说明自转最小下降率对应的制造商推荐的指示空速和旋翼转速。

描述进入如下：

- 在安全高度，平直巡航，迎风飞行，在合适的区域上方，完成飞行技术检查。
- 放低总矩杆。
- 针对相应机型，使用油门防止超速。
- 当总矩杆处于最低位时，指针分开，选定推荐发动机转速。
- 防止侧滑。

解释：

- 航向和空速由驾驶杆控制，与有动力的飞行一样。
- 旋翼转速由总矩杆控制。

指出自转中的转弯会增加下降率和旋翼转速。

描述复飞如下：

- 在安全高度，按需使用油门，使旋翼转速与发动机转速指针重新结合。
- 应用爬升功率。
- 选定或保持爬升空速。
- 防止侧滑。

解释在实际的发动机失效中，反应必须快速。在进行该介绍时，强调应柔和精确。

14.3　空中练习

- 演示直飞自转并复飞至爬升。

学员练习。

- 演示 90°、180°和 360°自转并复飞至爬升。指出自转转弯会增加旋翼转速和下降率。

学员练习。

- 演示自转着陆。

14.4　教员提示

- 地面讲解和空中演示应指出不要对自转感到有太大压力或担心。
- 低云底高度会导致演示匆忙。本练习的飞行应在有充足高度的条件下进行，使演示有效。
- 在整个课程中鼓励学员练习自转直到他们对此熟练，并使他们的动作成为一种本能。
- 应注意到，本练习是使学员熟悉自转而不是让他们对自转失去勇气。教员演示并保持好的态度，直到他们获得自信。

·大多数学校有经批准的自转练习和带飞实践区域。确保学员意识到学校的政策，禁止学员在单飞时私自练习此科目。

·在介绍本练习时，在一定高度上演示自转特征和改出是好的做法。这通常有助于建立学员信心，因为在恢复功率的过程中他们没有感到地面"冲过来"的压力。

15 恢复功率自转和自转接地

15.1 地面理论训练要点

自转拉平。

拉平理论。

飞行手册：紧急情况。

15.2 飞行预备教学

1. 目 标
使学员学会如何执行安全的功率恢复自转或自转着陆。

2. 复 习
进入自转。

悬停或悬停滑行中发动机失效——练习 11。

3. 动 机
自转的主要目的是避免空中发动机失效或类似重大紧急情况下机组和旅客受伤。在自转实践中，还需要避免损坏直升机。这些技能只有通过实践来获取并保持。

4. 飞行技术
进入前的检查。

相应机型进入悬停后的检查。

航空器性能限制。

合适的着陆区域。

观察外面。

5. 教学要点
复习自转 1（见"4 进入自转"）中的程序，描述着陆技巧如下：

- 确保安全着陆区域位于自转范围，并检查风速。
- 进入自转并选定最小下降率的空速。
- 当确定将在安全区域着陆，针对相应机型，完全关断油门。
- 在地面上方合适时间，开始拉平。
- 改平航空器并按需使用总矩杆减少下降率和缓冲着陆。使用脚蹬防止侧滑。

描述着陆后程序：

- 确保驾驶杆处于中立或向前位置。在接地中或接地后，避免向后移动驾驶杆。
- 缓慢放低总矩杆至最低位。如果尾梁因直升机在地面向前移动而上下俯仰，则必须留意。

执行起飞前检查。

解释当从航空器性能品质、风或密度高度条件角度考虑自转着陆不安全时，可使用功率恢复至悬停或悬停滑行，提供自转实践的连续性。强调功率中断并不替代自转着陆。自转着陆必须进行实践，以使学员有能力在单飞中应对紧急情况。

针对机型和当地条件，描述执行功率恢复至悬停或悬停滑行的技巧：

- 确保安全着陆区域位于自转范围内。
- 进入自转并选定最小下降率的空速。
- 确保旋翼转速在正确范围内。
- 在安全高度，相应调节转速。
- 在合适高度，拉平。
- 在合适高度，改平航空器。
- 应用功率以停止下沉，并建立悬停或悬停滑行，防止偏航和漂移。

15.3 空中练习

- 演示迎风自转，然后着陆或恢复功率。
学员练习（仅适用带飞）。
- 演示自转90°和180°转弯，然后迎风着陆。
学员练习（仅适用带飞）。
- 演示自转，恢复功率，然后悬停或悬停滑行。
学员练习（仅适用带飞）。

15.4 教员提示

- 涉及自转着陆中机尾与主旋翼桨叶撞击的训练事故时有发生。如果教员确保在接地中或接地后驾驶杆没有后移，这些事故一般都可以避免。
- 对于教员，在自转着陆中需要紧跟学员的操纵，防止偏差过大对安全造成威胁。
- 本练习仅在已知安全且适合着陆的区域进行。
- 学员应尽可能在各种条件下实践自转，因为各种自转拉平不同。不同的条件包括可用区域、大小、地面、风和障碍物。
- 零地速和滑跑着陆都应实践，并教会学员何时应用这些技巧。
- 这对于学员和教员都是压力和要求高的练习。抵制在课程结束时"再来一次"的想法，否则通常会发现学员的表现更差而不是更好。

• 向学员简介学校关于自转接地的政策。大多数学校不允许在单飞中实践该机动动作。在自转练习时，不要连续超过三次练习，在练习了三次自转以后，建议飞一次正常科目，防止教员与学员在特殊科目飞行中，过度兴奋而动作操纵过量。

• 自转训练中一些常见错误：

① 在不合适的高度或者空速进入自转。

② 不是以一个水平的姿态进入自转（或者不是在协调飞行时进入）。

③ 进入自转后没有从初始的减速状态改出到一种稳定的姿态（这可能会造成下降过程中空速的大量损失）。

④ 进入自转的过程不够平顺。

⑤ 进入自转时脚蹬使用不够协调。

⑥ 对风的修正不准确，导致飞机在下降过程带侧滑。

⑦ 转弯过程中没有保持协调飞行。

⑧ 不能把旋翼转速保持在 POH 推荐的范围内。

⑨ 在恢复功率的自转过程中，当上提总矩杆减小下降率会引发的过度机头偏转。

⑩ 在恢复功率的自转中，恢复功率过晚。

⑪ 上提总矩杆的时机，过早或者过晚。

⑫ 不适当的拉开始（姿态过大或者不够）。

⑬ 拉开始过高或者过低（离地高）。

⑭ 在恢复功率时没有保持好航向。

⑮ 没有以水平姿态接地。

⑯ 没有对准着陆地点。

⑰ 在接地的自转中，总矩杆还有剩余功率。

⑱ 在接地的自转中，接地时有粗猛的操作（向后带杆）。

16　自转变量

16.1　地面理论训练

飞行手册：限制。

16.2　飞行预备教学

1．目　　标

使学员学会自转的变化范围。

2．复　　习

进入自转以及功率恢复/自转接地。

自转飞行包线，包括空速和旋翼转速限制。

空速对自转目测和下降率的影响。

3．动　　机

以制造商推荐的空速自转是理想状态。在自转中，学员能充分利用直升机性能以达到计划的着陆点，这是极其重要的。

4．飞行技术

安全检查。

安全着陆区域。

观察外面。

风速。

5．教学要点

说明自转中的空速和旋翼转速的最大范围以及自转的不可超越速度。

增加距离：

·指出超出制造商推荐的最远距离速度是没有益处的，并且超过自转不可超越速度将导致旋翼转速急剧下降。

·描述进入并保持相应机型最远距离自转的程序。

·指出尽早减少空速至最小下降率速度以便将下降率减小到更合适大小的益处。

·描述相应机型从最远距离进近到接地的技巧。

减小距离：

·解释有两种减小距离的方法：减小空速和转弯。

· 描述以小空速进入并保持自转的程序。

· 指出零空速自转相关的危险，包括下降率过大以及旋翼转速控制和方向稳定问题。解释最好保持一些指示空速（即 10 ～ 20 kn）。描述与负空速相关的危险。

· 强调需要尽快增加空速至最小下降率速度，以减小下降率至可管理的范围。

转弯：

· 描述如何利用转弯缩短自转距离。

· 说明 180°和 360°自转中平均失去的高度。

解释实际紧急情况下的自转通常涉及空速和方向的多次变化，才能达到选定的着陆点。指出这需要技能和判断力，只有通过经常实践来获得。

16.3　空中练习

· 在选定点上方安全高度上，进入自转并以制造商推荐的最小下降率速度下降。指出下降率和距离的目视参考。

学员练习（仅适用带飞）。

· 在相同选定点上方相同高度上：以制造商推荐的最大距离自转速度进行自转。指出下降率和距离增加。

· 在相同选定点上方相同高度上：以制造商推荐的最大距离自转速度和最小旋翼转速进行自转。指出下降率和距离变化。

· 在相同选定点上方相同高度上：以小空速自转（10 ～ 20 kn）。指出：

① 大下降率。

② 从向前的小速度改出到最小下降率速度中失去的高度。

③ 从向前的小速度改出到最小下降率速度的距离。

学员练习（仅适用带飞）。

· 选定地面上一点，演示从不同高度、速度和方向的自转进近。

学员练习（仅适用带飞）。

16.4　教员提示

· 在初始演示各种距离变量时，使用相同的直线地标（如围栏或道路）作为进入自转的参考点。始终使用相同的高度、速度或功率进入。这确保学员感受各种变量下距离的不同。

· 在讲授了各种距离变量方法后，确保学员理解这些是基础方法，通常需要组合应用以便到达着陆点。当学员掌握基本点后，引入一些要求他们评估并组合利用各种技巧的情况。

· 强调在改变距离时，直升机应在 45 ～ 60 m 范围内返回到正常自转接地姿态。

17 紧急情况

17.1 地面教学要点

这些科目中的许多内容只是在地面介绍，空中练习根据机型实施。推荐在练习器与模拟机进行训练，对学员故障识别与处置能力提高以及保证训练安全，减少风险都有很大益处。

飞行手册：紧急程序。

17.2 飞行预备教学

1. 目 标

使学员学会如何在空中出现紧急情况后执行安全程序。

2. 动 机

反复实践对模拟的空中紧急情况的处理将使学员做好处理真实紧急情况的准备。

3. 教学要点

复习飞行手册中的紧急程序。

解释当仪表读数异常、操纵费力、振动或噪声等表明出现影响继续安全飞行的临界状态，尽管直升机其他方面似乎正常，预防性野外着陆是一种好的飞行习惯。

描述紧急或预防性着陆的程序如下：

- 识别紧急情况。
- 按需减小功率/空速。
- 选定合适的着陆区域。
- 发出遇险或紧急呼叫。
- 若可能，迎风着陆。

解释无线电通话的重要性，尽管可能是盲发。

17.3 空中练习

- 演示相应机型的空中紧急情况。

学员练习。

- 演示尾桨失效和无液压飞行（若适用于该机型）。

学员练习。

17.4　教员提示

·若适用，可利用空中过渡时间讨论/练习对模拟紧急情况的响应。必须小心管理，确保达到主要练习目标，且学员不会负担太重。

·讨论着陆后的措施，有些学员在落地后不知道该做什么。好的练习应为学员设置情景，让他们采取行动。

·无液压（若适用于该机型）应在一定飞行高度上进行，然后完成进近和着陆。

18 大坡度转弯

18.1 地面教学要点

飞行手册：功率限制。
大坡度转弯的要求。

18.2 飞行预备教学

1. 目　　标
使学员学会如何进行大坡度转弯。

2. 复　　习
中坡度转弯：练习"6 爬升、下降和转弯"。

3. 动　　机
大坡度转弯是一种可用于对其他航空器、障碍物或地形避让的飞行机动动作。为此，在飞行员考试中包含此项内容。

4. 飞行技术
观察外面。
功率限制。

5. 教学要点
描述目视线索和仪表指示（若适用）。
复习转弯中的操纵影响。

18.3 空中练习

·演示双方向的大坡度转弯。
学员练习。

18.4 教员提示

·强调转弯前和转弯中观察外面的重要性。在演示中给出一个好的示范。
·这是在一定高度上进行所有操纵协调性的好练习，但在低高度练习时，强调转弯中内侧滑的危险。

19　迫降练习

19.1　地面教学要点

飞行手册：紧急程序；高度/速度阴影区。
自转影响因素：质量，过载，密度高度，旋翼转速，拉平效应。

19.2　飞行预备教学

1. 目　　标
使学员学会发动机失效后任何安全迫降。

2. 复　　习
自转：练习 14、15 和 16。

3. 动　　机
虽然直升机发动机已较为可靠，但依然可能发生发动机失效。出现发动机失效后，飞行员和旅客的生命依赖于飞行员技能和判断力。

4. 教学要点
描述发动机失效后须立即采取的行动：
· 进入自转。
· 选定合适着陆区域。
· 计划进近。
· 选定空速和航向，以到达选定区域。
· 发出紧急遇险呼叫。
· 识别失效原因，若可能，进行纠正。
· 激活应急定位发射器 ELT（如果安装了人工控制器）。
· 警告旅客。
· 如果可能起火，关闭电气设备。
· 着陆。
描述迫降中应采取的行动、时间、高度和其他因素：
· 强调飞行员应随时意识到风速。始终优选迎风迫降，但合适的着陆区域是首要考虑的因素。换言之，在顺风开阔区域着陆优于逆风树林里落地。
· 提醒学员以高于或低于制造商推荐的自转速度转弯会大大增加下降率。

- 讨论直升机水上迫降相关问题。
- 讨论向树林、山区或建筑区迫降的技巧。
- 指出低高度飞过障碍物时发动机失效将导致难以在无损伤的情况下完成迫降。为此，飞行员应始终在任务允许的高度上飞行。

19.3　空中练习

- 演示从一个允许发动机失效后立即执行全部程序的高度开始进入。

学员练习。

- 演示不同高度迫降难度逐渐增加的情况。

学员练习。

19.4　教员提示

- 对于这个程序，不能在课程中预分配好时间。当学员具有能力后，在未充分警告的情况下、在带飞中多让学员练习。让学员定期练习该程序，将一并培养到达选定区域所需的判断力和技能。

20 快 停

20.1 飞行预备教学

1. 目 标

使学员学会如何在恒定高度上从不同速度进入迎风悬停。

2. 复 习

空速和功率变化：练习 5。

3. 动 机

训练中，由直线平飞迅速减速有利于培养协调性和准确性，这也是从大型限制区域离场中断起飞的方法，涉及平飞最小半径转弯，这对运行条件下避免障碍物或恶劣天气条件具有实际意义。

4. 飞行技术

观察外面。

发动机和机体限制。

5. 教学要点

• 迎风直线飞行。

描述如何在迎风直飞中执行快速减速：

① 从高于地面 10 ~ 15 m 直线平飞中，开始柔和拉平。

② 在低前飞速度下，开始改平直升机。

③ 预期过渡升力失去，建立悬停。

④ 使用总矩杆保持高度。

⑤ 使用油门保持转速。

⑥ 使用脚蹬防止侧滑。

解释减速初始时应柔和平缓，从相当低的速度进入，以集中精力在平稳和精确度上，该机动动作可随着基本能力的获得而按需增加速度。

解释当进行更快速的减速时，拉平中的姿态变化大，获得高度上升趋势也更大，从而需要更大的总矩杆移动量来防止爬升，以及需要大的脚蹬输入防止侧滑。

指出任何时候拉平不得过于苛刻以至需要让双指针分离以防止超转。然而，应解释并演示发生这种意外情况时的改出步骤。

复习当在小前行速度或无前行速度情况下顺风减小速度或掉高度时潜在进入涡环

状态的危险。

· 水平转弯转向迎风飞行。

描述执行涉及最大至 180°水平转弯迎风飞行的快速减速技巧：

① 从高出地面 10～15 m 直线平飞中，从水平飞行中，开始水平协调转弯。

② 在转弯中起始拉平。

③ 改出以迎风飞行。

④ 在低前行速度下，改平直升机。

⑤ 进入悬停或恢复前行速度。

⑥ 保持高度。

⑦ 保持平直飞行，防止侧滑。

强调学员必须在 180°转弯转向迎风飞行中保持直升机平衡和空速高于过渡速度，否则直升机将进入涡环状态或有动力下沉。

20.2　空中练习

· 演示从巡航迎风直飞中减速。

学员练习。

· 演示迎风直飞中迅速减速。

学员练习。

· 演示涉及 90°转弯的迎风飞行迅速减速。

学员练习。

· 演示涉及 180°转弯的迎风飞行迅速减速。

学员练习。

20.3　教员提示

· 涉及迎风转弯的减速要求高度的协调性和精确度，应作为高级练习在训练结束前引入。

· 强调平稳和准确的重要性。学员应初步掌握从直升机高度/速度图表阴影区外的空速减速到悬停，强调高度、转速的平稳性和精确度。俯仰过大、侧滑和尾桨漂移是初期的常见错误，在增加该机动动作速度前应予以纠正。

· 在建立平稳和准确性后，进入悬停速度可逐步增加至巡航速度且下降率增加。

· 随着过渡升力失去而掉高度是常见错误。

21 斜坡操作

21.1 地面教学要点

动态翻滚。

飞行手册：限制。

尾桨横向漂移和动态翻滚。

21.2 飞行预备教学

1. 目　标

使学员学会斜坡操作的程序和技巧。

2. 复　习

练习"8 起飞和着陆悬停"。

3. 动　机

描述直升机在未铺设的地面和斜坡运行的能力。解释飞行员在运行条件下经常需要使用该能力。

解释斜坡技巧，涉及柔和小心的操纵以及污染道面着陆（如踩过的雪、沼泽地、碎石地或沙地）。

4. 飞行技术

观察外面：障碍物。

风向/风速（W/V）。

直升机限制。

乘客上下直升机路线。

5. 教学要点

解释斜坡操作可分为四个阶段：

（1）勘察。

（2）计划/机动飞行。

（3）着陆。

（4）起飞。

· 勘察。

解释在起飞和着陆中要留意所有着陆道面。道面可能是软的、湿滑或有碎石或树丛等障碍物时，必须格外小心。

描述驾驶杆操纵限制如何影响斜坡横坡着陆性能，以及在悬停中一侧滑橇（机轮）比另一侧滑橇（机轮）距坡面更近的事实。

解释直升机操纵中希望始终是迎风着陆的，但有时飞行员必须权衡风和斜坡以便在地面和直升机限制中间达到最佳平衡。

指出试图着陆前根据以上情况仔细评估地面是极其重要的。

·机动飞行。

指出斜坡运行中尾部装置最容易受损。飞行员应始终意识到保护尾桨，尤其是在悬停转弯中、上坡着陆且地平面在直升机后或下坡着陆时。在悬停转弯时，要朝尾桨离开斜坡方向转弯。

·着陆。

描述所用训练直升机的着陆性能和限制。

描述如何在斜坡上着陆：

① 建立稳定悬停。

② 柔和放低总矩杆，直到上坡一侧的滑橇接地。

③ 继续放低总矩杆，同时柔和向上坡面移动驾驶杆，防止直升机的横侧移动。

④ 当两个滑橇都完全接地时，柔和放低总矩杆至最低位。

⑤ 防止侧滑。

⑥ 小量柔和移动驾驶杆和脚蹬，执行安全检查。

⑦ 当确定直升机没有侧移，将驾驶杆放在中立位，按需减小转速。

指出需要平稳精确的操纵，不能过量操纵。解释一侧起落架接地可能诱导动态翻滚，且无法以相反方向的驾驶杆操纵来改出。

描述由于坡度过大快接近驾驶杆操纵极限的信号。解释当开始接近极限时或者如果直升机开始滑动，应平稳将直升机返回到悬停并选择其他地方着陆。

指出在总矩杆完全放下并完成安全检查前一直保持旋翼转速的重要性。

·起飞。

描述如何从斜坡起飞：

① 确保转速处于起飞调定值。

② 柔和上提总矩杆，向上坡方向操纵驾驶杆，使下坡侧面的起落架离地，保持直升机水平，然后配合使用驾驶杆与总矩杆使直升机垂直离开地面。强调避免过度的横侧移动的重要性。

③ 在整个过程中防止方向偏转。

④ 考虑运行因素。

指出在该运行中，转动的旋翼桨叶对于直升机附近人员的危险，尤其是登机离机的旅客。若可能解释，飞行员有义务向旅客和地面人员简述此问题。

复习动态翻滚的危险，起飞前需要确保直升机位于重心限制内并且起落架没有突出物和障碍物，防止起落架陷入场地。

21.3 空中练习

· 选定直升机限制内的斜坡区域，演示勘察、在上方机动飞行以及计划着陆区域。
学员练习。

· 演示双方向横坡着陆，指出直升机性能的不同（若适用）。
学员练习。

· 演示上坡着陆（根据场地情况决定）。
学员练习（根据场地情况决定）。

· 选定接近直升机限制的斜坡区域，演示着陆和起飞。
学员练习。

· 选定超出直升机限制的斜坡区域，演示达到极限的指示，以及终止着陆的方法。
学员练习。

· 演示风/斜坡权衡。
学员练习勘察和选定着陆点。

21.4 教员提示

· 各型直升机在斜坡上的性能和技巧不同。本练习应进行调整以满足训练直升机的性能。

· 在介绍斜坡运行时，学员表现出非常紧张。学员可能过量操纵并且很快疲倦。在介绍本练习前，学员具有悬停和标准起飞着陆的熟练性极为重要。

· 学员倾向于观察靠近直升机的地面，导致过量操纵。应提醒学员视线前移，使用地平线为参考。

· 当学员变得熟练时，让他们决定在何处着陆，以判断其评估斜坡的能力。

· 从"初学者斜坡"开始，随着学员熟练性提高，逐步增加难度。

· 确保向学员展示一些斜坡操作是横坡和上/下斜坡的组合，所以直升机只能斜对着斜坡着陆。

22　功率受限/最大性能和高进近

22.1　地面教学要点

飞行手册：限制；装载和密度高度性能图；涡环。

22.2　飞行预备教学

1. 目　标

使学员学会运行条件下使用的额外起飞着陆技巧。

2. 复　习

起飞着陆——练习"8 起飞和着陆悬停"。

过渡——练习"12 过渡飞行"。

3. 动　机

虽然练习 8 和 12 学过的技巧在合适条件下应继续使用，但在诸如直升机负载大、高密度高度、不利的风或飞行轨迹附近的障碍物等运行情况下可能需要使用高级技巧。此外，在能见度受限的情况下也需要这些高级技巧，如下雪或沙尘。

4. 飞行技术

观察外面：障碍物。

直升机限制。

5. 教学要点

· 无悬停起飞。

解释在吹雪、沙尘或碎片等导致正常起飞和离场存在危险时，该起飞可有效使用。

描述无悬停起飞技巧如下：

① 完成起飞检查，确保转速在最大起飞调定值。

② 仔细观察四周。

③ 平稳应用总矩杆，开始垂直爬升。在检查滑橇离开所有障碍物后，使用驾驶杆调定爬升姿态。

④ 调整直升机姿态以消除视障现象。

指出由于此类起飞前没有悬停检查，要确保直升机重心位于重心范围内以及直升机有充足的功率用于计划地离场。

· 利用地面效应起飞。

指出此类离场非常节省所需功率，因为它最大程度利用地面效应，直到获得过渡升力。但是，这需要相对平坦的、无障碍物的离场轨迹。在不可能迎风起飞时，该技巧是有效的。

描述地效起飞技巧如下：

① 在最大地面效应的迎风低高度悬停中，执行悬停检查。

② 观察外面。

③ 开始使用驾驶杆缓慢前行。

④ 应用充分的功率防止下沉。

⑤ 保持柔和增速，保持在最大地面效应内。

⑥ 随着失去地面效应和获得过渡升力，选定爬升功率和空速。

强调为了使这种起飞有效，所有操纵必须柔和渐进。

· 垂直起飞。

解释此类离场对于离场轨迹上有障碍物的情况适用，根据障碍物的高度，这种方法涉及大功率调定值的使用。

描述垂直起飞技巧如下：

① 建立迎风低高度悬停，完成功率检查和起飞检查。

② 应用充足的功率，起始并保持柔和的垂直爬升。

③ 确保垂直爬升，参考前方障碍物和直升机两侧障碍物。

④ 当达到合适点时，检查是否有正爬升率，然后柔和向前稳杆，使直升机向前移动并持续爬升。

⑤ 随着获得过渡升力，选定爬升姿态并应用爬升功率。

· 无悬停着陆。

解释此类着陆对于尘土、粉状雪或颠簸条件下不希望进近至悬停是有用的。它要求的功率比正常进近至悬停更小。

描述无悬停着陆技巧如下：

① 按需进近到选定着陆点。

② 当进近基本完成以及地速接近零时，预期到过渡升力的失去，应用充足功率使下降率最小。

③ 让直升机柔和下沉并缓冲着陆。

指出此类着陆要求事前仔细确认选定点适合着陆。

· 滑跑着陆。

解释此类着陆可用于无悬停着陆类似的条件。虽然要求的功率小，但离不开大而平坦光滑以及坚硬的道面，如跑道。

描述滑跑着陆技巧如下：

① 按需进近至选定着陆区域。

② 随着进近完成，以缓慢的步行速度滑跑。

③ 应用充足功率以缓冲着陆。

④ 着陆后，保持驾驶杆和总矩杆位置，直到向前的移动停住。

• 进近。

解释在运行条件中，有时必须以非标准的下滑角度进近着陆。

① 高进近。

该进近是为了避开最后进近轨迹上的障碍物。指出空速低于正常空速，要求更大的功率。

② 始终准备无悬停着陆。

强调由于涡环状态或功率不足的危险，需要尽可能保持合理的空速，防止重着陆。

③ 低下滑线进近。

向学员解释低下滑线进近要求的功率比标准或高进近更小。当进近轨迹无障碍物，且可用功率有限时使用该种类型进近。

强调应小心避免进近角太小，即变平。这要求更多功率，可能导致减速至悬停中出现问题，因为机尾可能擦挂地面。

22.3 空中练习

• 复习标准起飞和离场。注意比较所需功率，使用下列技巧演示：

① 无悬停起飞和标准离场。

② 地面效应起飞。

③ 垂直起飞。

学员练习。

• 复习标准进近至迎风悬停。注意比较所需功率，使用下列技巧演示：

① 标准进近至无悬停着陆。

② 标准进近至滑跑着陆。

③ 高进近至无悬停着陆。

④ 低下滑线进近至悬停。

⑤ 低下滑线进近至无悬停着陆。

学员练习。

• 演示平缓进近（即下滑角度太小）并指出与普通低下滑线进近所需功率的不同。

22.4 教员提示

• 在平坦无障碍物的训练区域介绍这些技巧。当学员掌握了基本技巧后，引入障碍物和不利的风条件。根据机型，可通过直升机载荷或限定学员可使用的功率大小来设定功率受限情况。

· 应小心防止学员在练习无悬停起飞时机头下俯姿态过大。

· 无悬停着陆能够并且应该从各种进近方式来练习。

· 指出滑跑着陆与悬停中发动机失效在地速和脚蹬控制方面的相似性。

· 当练习地面效应起飞时，强调在调整到爬升姿态前需要获取的空速。

· 起初，当使用开阔区域演示高进近时，最好沿树林或灌木进近，确保学员能从树林上方看到计划着陆点。

高进近和垂直起飞自然引出限制区域运行。

23 限制区域

23.1 地面教学要点

涡环。

高度/速度图考虑因素。

动态翻滚。

防止线缆碰撞。

风的影响。

法规相关运行许可。

23.2 飞行预备教学

1. 目　　标

使学员学会安全的在限制区域运行。

2. 复　　习

高级起飞和着陆——练习"16 自转变量"。

3. 动　　机

在限制区域运行的能力是体现直升机在航空中独特作用的基本部分。直升机飞行员能充分利用这种能力是极为重要的。

4. 飞行技术

观察外面。

风速。

性能。

5. 教学要点

解释本练习可分为如下几个阶段：

· 实施功率检查并确定最大可用功率。

· 初始或高空勘察。

指出学员必须积极识别计划的着陆区域。在初始阶段，有必要执行功率检查以建立其可考虑的区域大小。

初始勘察一般以直升机型号对应的空速、在飞行员一侧绕圈飞行中进行。

在这个阶段应考虑三个因素：

① 可用功率。限制区域的大小和起降困难随密度高度和总重/可用功率而变化。

② 风向/风速（W/V）。初始评估风，并在以后证实。

③ 总体适宜性。确定限制区域值得进一步勘察，附近没有其他适合的区域。

·低空勘察。

目视低空勘察是证实该区域是否适合计划的运行，并确定进近着陆线路的最佳方法。

从初始勘察下降之前，检查风并证实其强度和方向。烟、水面的波纹、长的草、旗帜或绳上的衣服都能提供好的指示。

学员应考虑的因素必须包括 7 个 "S"：

① 大小（Size）：足够大吗？

② 形状（Shape）：形状适合从特殊方向的进近吗？

③ 坡度（Slope）：地面对于着陆足够平坦吗？

④ 地面（Surface）：该区域的地面是什么？有障碍物吗或者地面存在危险吗，如尘土或雪？

⑤ 选定（Selection）：接地点在什么位置？

⑥ 环境（Surrounds）：周围的障碍物，包括电线，适合从特殊方向的进近吗？

⑦ 阳光（Sun）：阳光会限制飞行员在最后进近的能见度吗？

执行勘察的高度和空速不同。标准是学员能看得清楚足以对进近和着陆区域做出好的评估。高度应与目标相一致。勘察可在学员一侧飞行，在整个过程中可看见限制区域。

·试降（若适用）。

在初始训练中以及任何时候学员认为有必要或更稳妥，在实际进近前实施模拟进近。这与计划的进近相同，只是以在障碍物高度上复飞作为结束。

在低空勘察中，如果学员不能看见要求的每一件事物，可使用模拟进近完成此目的，并应在飞行时使该区域在飞行员一侧，在能见度合适的条件下，采用安全允许的最小速度，使学员清楚观察到之前不确定的地方并完成勘察，但不应低于 15 kn 的过渡升力空速。

功率检测应在复飞时执行。在这个阶段，还可检查计划离场轨迹的障碍物、复飞路线以及任何低高度是否有颠簸。

复飞后学员继续进入起落航线。这通常以比正常稍慢的速度飞至高于地面 100～150 m。大小和方向由地形、风和开阔区域决定。

·进近。

进近角一般不得大于所需的进近角。地面准备时，通过障碍物上方点的进近图示。解释单倍角、双倍角和垂直进近。

进近应执行至适合着陆地面上方悬停。应避免直接进近至障碍物上方悬停或者进近至难以或危险的机动飞行点。

学员必须意识到可能撞到起落架或尾桨的所有障碍物。一般围绕机尾转弯。确保学员只在必要时实施机动动作或利用该区域大小或形状实施离场或着陆。

· 离场。

离场应从尽可能低的悬停中起始，并距离场航迹上的障碍物最大安全距离。这能确保在紧急情况下最佳的可用功率。

所有离场实施前应在悬停中检查功率。理想的离场要求最小功率（即以小角度起飞）。因此，飞行员必须评估其能否安全越障。

如果障碍物太高或离直升机太近，应考虑垂直离场。

在确定应使用哪种方法时需要实践和经验，应避免使用在未获得过渡升力的情况下将直升机飞到距障碍物太近的离场方法。

· 中断起飞。

如果机械故障或类似紧急情况出现，或者飞行员判断错误，将不得不中断起飞。这是一个关键机动动作，飞行员应记住：越早做出中断起飞决策，越容易恢复正常。

· 运行考虑因素。

学员取得限制区域的能力后，教员应在空中和地面教学中介绍运行考虑因素，包括：

① 当在限制区域着陆前执行功率检查时，飞行员应估计其离场时的大致全重。一般而言，离场所需功率高于进近，如果在功率检查中发现可用功率受限或处于边缘，该因素可能是决定性的，尤其是决定是否使用该限制区域。

② 飞行员应始终检查建议着陆地点的四周区域，可能附近有备用区域，其限制条件更少，更容易安全使用。

23.3 空中练习

· 介绍所有限制区域程序，使用一个足以允许"标准"进近离场的区域。

学员在相同限制区域练习。

学员在相同大小的不同限制区域练习。

· 演示需要大坡度进近离场的更小区域的所有程序。

学员在相同区域练习。

学员在相似大小的其他区域练习。

· 演示顺风进近，利用区域的形状和四周。

学员练习。

· 演示中断起飞。

学员练习。

学员在特定场所选定最合适限制区域练习。

23.4 教员提示

· 这是一个综合性练习，比地面教学中的科目要求更多。

·如果在当地训练区域缺乏合适的限制区域，考虑计划转场航行练习飞至更广阔的机场外区域。

·当介绍本练习时，所有学员将要求在本区域做一次以上的盘旋以获得他们要求的所有信息。鼓励他们随着熟练性的增加，把次数减小，直到获得经验，将次数减小到最低。

·确保学员观察区域附近的参考点，使他们保持情景意识。

·解释7"S"的顺序具有灵活性，只要所有这些方面均涵盖。

·通常学员在演示和练习汇总遇到的区域类型越多，他们在这一重要课程中变得越熟练和越有信心。

·解释在进近和最后进近阶段观察和避让电线的重要性以及方法。

·指出根据风速，可以接受侧风进近以利用限制区域的大小、形状和距障碍物的距离。

·提醒学员当下降到障碍物高度以下时，风向或者风速会发生改变，通常发生在进近最后阶段。

24 低高度运行

24.1 地面教学要点

风险管理。

运行计划。

主轴碰撞。

光滑水面上方水平飞行。

24.2 飞行预备教学

1. 目 标

使学员学会在低空飞行的安全技巧

2. 复 习

快停：练习"20 快停"。

3. 动 机

虽然直升机飞行员应尽可能飞高，但有时运行的任务通常要求靠近地面飞行。

4. 飞行技术

观察外面：障碍物、其他直升机。

低高度进近程序。

观察风向与风速。

5. 教学要点

解释低高度运行的特殊考虑。直线航行只有在偏远平坦且无障碍物的地区实施。低高度运行一般涉及频繁改变轨迹，原因如下。

· 线缆。

指出撞击线缆是直升机事故的常见原因。解释低高度运行需要不断观察外面的线缆，描述穿越电线杆或塔之间电线的技巧，最好与电线方向成 45°。描述电线如何悬挂在山谷以及如何定位它们。解释机组相互警告电线分布在直升机前方的事实。

· 人员和牲畜。

低高度飞越会造成人员和牲畜害怕或厌烦，至少造成与公众的关系差。在许多情况下，这也是非法和危险的，必须避免。

· 树林。

飞行员没有其他选择时，尽管存在发动机失效或类似情况的危险，直升机运行通常涉及低高度飞越树林。当飞行员有选择时，应选择可用的远离障碍物的飞行轨迹。

- 升高的地面。

飞行员应小于 90°飞向升高的地面。这使紧急情况下或者遇到下洗气流时，更容易转弯脱离升高的地形。

- 水。

在水面上方运行时，若能见度差，为避免失去目视地平线，保持目视能见规定参照物，如海岸线、轮船或其他结构（若可能）。特别注意与光滑水面上方低高度运行相关的危险。在平静光滑的水面低高度飞行，飞行员会产生高度进深误差，丧失高度知觉，最后容易发生事故。一般在水面平飞时，至少保持离水面 60 m 高度。

- 大风。

指出大风低高度飞行的危险，如当从迎风方向转向顺风方向中，为试图保持地速而失去空速的危险。当在大总重高密度高度下飞行时，这尤为危险。

指出无线电性能通常在低高度变差。

演示执行低高度自转的技巧。指定一条转场飞行路线，在最低合法安全高度上飞行，并且尽可能多包含上述要点。

特殊技巧：

① 转弯和爬升（低高度）。

② 最小半径转弯可通过转弯中减小速度来实现。

24.3　空中练习

- 按照指定和计划的学员转场飞行路线飞行。

演示低高度飞行技巧。

学员练习。

24.4　教员提示

- 向学员介绍驾驶杆和总矩杆的使用，以避开障碍物，如电线或树林。
- 解释低高度运行的法律要求。避免在噪声敏感区域低高度飞行，低高度飞行尽量绕开人口稠密区。

25 导　航

25.1　地面教学要点

地图/航图：符号、比例等。

领航计算。

离场和进场程序。

航迹选择。

航行通告。

天气报告和预报。

迷航程序。

无线电程序。

直升机相关文件。

飞行计划/通告。

机载最低设备。

25.2　飞行预备教学

1．目　标

使学员学会如何实施安全有效的转场飞行。

2．动　机

有效的导航能力对于所有飞行员是必需的基本技能。

3．教学要点

指定包含三个或更多航段的转场路线供学员制订计划。

复习并讨论学员的计划。

复习特定机场相关的不同离场程序的实践方面，选定首次空中课程的合适程序。

利用地标罗盘领航方法，以及如何使用它们修正航迹。

讨论空中计算地速以及估计的航路时间。

指出在天气允许的高度飞行的益处。

复习空中教学中需要使用的无线电呼号。

复习迷航程序，包括：

· 从未知位置返回到最后的已知位置。

- 参考地图。
- 使用无线电设备（若适用）。

复习由于天气差、紧急情况或任务要求而执行改航的做法。

25.3　空中练习

- 按计划实施转场练习。

演示离场。

演示航路程序，包括保持航迹/返回到正确航迹并计算地速和预计到达时间。

学员应把精力集中在程序上，并保持精确的航迹。

随着学员对基本概念的掌握，增加学员的导航工作量。

- 演示低高度导航。

学员练习。

- 演示改航技巧和程序。

学员练习。

- 演示在实际最低气象条件下的飞行和导航技巧。

学员练习。

25.4　教员提示

- 在地图作业和地图研究教学中，可以选一条航线作为例子讲清楚。利用哪些地标判断控制航迹，利用哪些地标判断地速并修正预达时间，寻找地标怎样由线到点、由大到小、由明显到一般。授课时讲清楚方法和原则，使学员不但掌握这一条航线的知识，而且还要掌握分析其他航线的方法和原则，能够举一反三。在研究地图找地标的同时还要讲清楚在飞行中实际找地标的方法：对正地图，根据时间和推测的概略航迹确定范围，由近到远、由线到点、由大到小、由明显到一般进行观察辨认。无线电通信教学，明确先听后说、想好再说、语言简练的原则，注意抓好学员自己或两个人一组的地面练习。

- 空中飞行时如果学员对其位置不确定，给他们充足的时间重新定位。如果在使用适当的"迷航程序"后他们完全迷失方位，教员给他们精确指出位置并继续。这在带飞课程初期尤其重要，因为可以防止学员可能失去信心。

- 在飞行过程中强调对直升机的操纵非常重要，要求学员始终应该保持右手操纵直升机。教员演示正确的驾驶舱设备管理对减少工作负荷的重要性。

- 单飞转场练习涉及学员在整个训练课程中积累的所有技能和经验的应用。在允许单飞之前，确信学员有能力圆满完成该练习。确保他们在没有帮助的条件下完成了充分的飞行前计划和准备，并仔细检查结果。在转场单飞前完成了单飞转场签注。

·应特别小心确保天气合适，直升机适航且对于计划的飞行有充足的燃油；已向学员就飞行中可能发生的任何事件的正确程序做了全面的简令。

·低高度飞行中，强调目视线索的变化。若可能，让学员接触各种比例的地图，尤其是 1∶500 000 和 1∶250 000 的地图。

·学员在首次单飞转场前应完成过斜坡练习和限制区域练习。这是为了确保他们在荒凉地形上空飞行遇到不正常情况时，能在合适的地点着陆。

·教员正确分配教学精力，在实施教学的同时注意监视飞机发动机的工作情况和飞行数据，加强观察和收听好无线电，掌握好飞机间隔。掌握好放手量，尤其在进出港过程中控制好高度、航向等飞行数据。

26 直升机运行紧急情况

此练习主要讨论在运行过程中与直升机本身机械故障没有联系的紧急情况与处置方法。比如在涡环状态下作用在机体和旋翼系统上的空气动力很复杂。应强调尽早识别和避免而不是改出已形成的涡环状态的能力。在可能出现涡环时应强调下降率的控制。由于涡环时作用在直升机上的空气动力复杂，许多学校不把该练习作为一个完整的练习而是使用课堂情景讨论的方式来学习这个内容。在空中模拟涡环仍可进行改出练习，实施方法如下面的教员提示所描述。丧失尾桨效应、地面共振、动态翻滚、低过载与主轴碰撞主要是地面理论学习内容，强调预防方法与处置原则。低旋翼转速造成的桨叶失速与后行桨叶失速识别与处置原则的区别在地面理论学习中也要作为重点内容。

26.1 地面教学要点

飞行理论包括：
涡环。
丧失尾桨效应（LTE）。
后行桨叶失速。
低过载与主轴碰撞。
地面共振。
动态翻滚。
低旋翼转速与桨叶失速。

26.2 飞行预备教学

1. 目 标
使学员学会涡环状态的避让和改出方法。低旋翼转速导致的桨叶失速识别与改出技巧。

2. 动 机
飞行员最好应避免可能导致涡环的飞行条件。尽管如此，飞行员应能识别初期涡环征兆并能防止涡环状态的形成，因为涡环状态在大多数低空运行环境中会导致事故的发生。

低旋翼转速引起的旋翼桨叶失速在致命的和非致命的直升机事故中都占有一个比较高的百分比。常常被误解，旋翼桨叶失速不能和后行桨叶失速混淆，后行桨叶失速是仅在大前进速度时发生的后行桨叶尖一小部分失速。后行桨叶失速会造成振动和操纵方面的问题，但旋翼仍能产生充分的升力支撑直升机的载荷。旋翼桨叶失速能在任意空速发生，当它发生时旋翼就不能提供足够的升力。

3. 飞行技术
直升机限制。
观察外面。

4. 教学要点
·复习涡环的原因、条件和征兆（参阅教员提示）。
描述可能遇到涡环状态的典型运行情况，如大总重和高密度高度条件下高进近，无风或顺风，在目测偏高时试图继续进近容易产生涡环。
·复习改出动作，讨论下列做法的利弊。
① 增加空速改出。
② 进入自转改出。
③ 尾桨拉力侧向改出涡环方法（Vuichard 改出方法）。
传统的改出涡环是下放总矩向前增速或者进入自转改出两种方式，损失高度很多。平均需要 150 m 才能改出。而涡环往往发生在低空悬停或者进近时，没有足够的高度改出涡环。而使用 Vuichard 方式改出，损失的高度很少。如果教员在教授学员改出涡环的技能时，从初始就只教授 Vuichard 方法，使学员形成一种本能，对保证以后的飞行安全有很大的益处。
描述在训练条件下从涡环状态安全改出的 Vuichard 技巧如下：
① 在无风或微风条件下，爬升到足以安全改出的高度。
② 仔细观察外面，尤其是下方。
③ 开始以小空速下降。
④ 应用功率。
观察相应直升机的表现和下降率。当有充分的进入涡环征兆时，实施改出（以左转旋翼直升机为例）：
① 上提总矩到最大的可用功率。
② 使用左脚蹬保持进入时的方向，同时向右操纵驾驶杆形成 10°～20°的坡度获得向右的横向移动。
③ 当旋翼桨盘接触到向上的涡流区时，就可改出了涡环状态。
确定避免涡环发生的重要性，始终了解风速和下降率，避免涡环的发生。

・低旋翼转速识别。

当旋翼转速变慢时，桨叶迎角势必增大以产生足够的升力支持机体。桨叶会在临界迎角失速，造成升力突然丧失而阻力陡增。增加的阻力就像在旋翼上很大的刹车一样，引起桨叶转速的迅速降低，进而导致旋翼失速。当直升机开始下降，上冲相对气流会继续使缓慢转动的桨叶迎角增大，恢复已不再可能，即使把总距放到底也无济于事。造成低旋翼转速的原因一般是飞行过程中上提总矩杆过多，旋翼桨叶角过大，或者错误操纵油门以及在高密度高度，大总重环境下功率不足等。

识别低旋翼转速：

① 直升机发动机声音降低。

② 直升机机体抖动。

③ 低旋翼警告音响/警告灯亮。

改出低旋翼转速方法：

① 加油门增加功率。

② 下放总矩。

③ 前飞时往后带驾驶杆。

26.3 空中练习

・演示初期的涡环，以及安全改出程序。

学员练习。

・演示悬停时低旋翼转速识别与改出方法。

学员练习。

・演示平飞时低旋翼转速识别与改出方法。

学员练习。

26.4 教员提示

・涡环改出与低旋翼转速识别与改出练习结合空域其他带飞完成。

・涡环改出如果存在下列情况，气流条件促成涡环状态的形成。

直升机在旋翼系统下方有诱导气流通过（有动力飞行中）。

存在与诱导气流方向相反的外部气流（大下降率）。

指示空速低（顺风或无风条件）。

・向学员简介涡环的下列征兆：

抖动和抖杆（明确有些涡环进入时没有明显的机体振动）。

航向任意变化。

下降率快速增加。

驾驶杆效率降低。

任意滚转和俯仰。

上提总矩杆时没有感觉到正过载（下降率减缓）。

• 在做悬停低旋翼转速识别与改出训练时，教员要注意放手量掌握。收油门模拟转速下掉时不要过快，防止方向急偏转导致直升机过重接地。

27　实际装载和最大载重运行

27.1　地面教学要点

飞行手册：质量与平衡。

性能图表。

27.2　飞行预备教学

1. 目　　标

使学员学会直升机的安全装载以及最大经批准质量下的运行。

2. 动　　机

飞行员充分利用直升机性能同时完全意识到其安全限制，这是极其重要的。

3. 飞 行 技 术

直升机限制。

旅客安全。

4. 教 学 要 点

描述相应机型的货物装卸做法，包括：

· 储存。

· 安全。

· 危险品。

· 载客运行。

描述强制性安全卡的位置和适用，旅客登机、载运和离机的实际做法，强调需要对下列内容做简令。

· ELT 的位置和操作。

· 出口的位置和操作。

· 所有门窗的位置和操作。

· 货舱或吊舱的位置和操作。

· 安全带和肩带的操作。

· 灭火瓶的位置和操作。

· 禁止吸烟。

· 急救箱和救生装备的位置。

其他操作。

与主旋翼和尾桨相关的危险。

教授认读地面人员的手势。

指出质量和/或密度高度增加对所需功率、功率可用性和性能的影响，包括相应机型的自转性能。

27.3　空中练习

·虽然在本手册中作为一个练习列出，装载及载运的指导和经验应在课程中完成基本练习后逐步介绍。

·复习直升机不同质量下的练习。

28　吊挂运行

28.1　地面教学要点

飞行手册：

限制。

质量与平衡。

信号。

法律方面的考虑。

28.2　飞行预备教学

1. 目　标

使学员学会安全的吊挂运行。

2. 动　机

吊挂是商业直升机运行的重要组成部分。在正确管理下，吊挂是一种安全有效运载的方法。

3. 飞行技术

观察外面。

限制：发动机和直升机质量。

路线选择。

4. 教学要点

展示并描述向直升机上安装货钩以及预位、装载、释放、紧急人工释放以及紧急外部释放系统。

展示并描述网、绳、桶钩与其他特殊设备，以及适用性和可用性检查。

仔细描述吊挂运行中使用的程序，包括：

·设备的飞行前检查。

·地面人员的简令。

·在地面人员帮助或无帮助下钩住货物。

·空中程序，包括紧急情况。

·在地面人员帮助或无帮助下释放。

学员应意识到投弃吊挂的可能性，为此，应选择空旷的郊区路线减小人员或财产的危险。

解释相对于直升机质量以及尺寸太大的载荷会导致向前飞行中的操纵问题。描述载荷摆动的征兆、如何预见其出现以及在连接前使其稳定。解释空中发生摆动时，增加功率或减小空速或者执行柔和的平衡转弯，可减小摆动。

如果已尽力防止或纠正摆动，但摆动开始危及直升机和机组安全，则飞行员应在精神和身体上做好准备，在失去控制前投弃载荷。这也是对发动机失效或类似空中紧急情况的应急反应。

解释一面位置合适的镜子的好处。

指出需要更高的悬停高度和修改进近离场路线以保持越障，并且需要额外的功率。

28.3　空中练习

· 演示有地面人员帮助的拾起和释放程序。

学员练习。

· 演示人工释放的使用以及地面人员帮助下的外部释放。

学员练习。

· 若可行，演示对地面人员和财产危害最小的航路程序。

学员练习。

· 演示困难载荷的吊起以及振动缓冲程序。

学员练习。

· 演示无地面人员帮助的拾起和释放程序。

学员练习。

28.4　教员提示

· 学员有时对吊挂感到担心，必须小心不要过于强调与该类运行相关的问题或困难。

· 使学员牢记他们应在直升机和载荷之间使用转环。

· 若可能，使用学员（监视下）作为地面人员，给他们吊挂操作双方的经验。确保向他们简述静电的危害与释放方法。

· 描述如何制订计划获得最佳燃油载荷。

· 解释保持吊挂区域无碎片（帽子、防雨布、木板等）的重要性。

· 演示逐步增加空速至特定载荷的最大速度，然后慢慢减小速度以保持安全裕度。确保学员没有急于增加速度，否则可能产生摆动。演示尽可能多的各种类型的载荷和各种类型的吊挂设备。

29 山区飞行

29.1 地面教学要点

地图/航图。
飞行计划/通告。
天气（山区）报告和预报。
飞行手册：性能限制。

29.2 飞行预备教学

1. 目 标
培养学员山区地形考虑意识并向学员介绍基本的山区飞行技巧。

2. 复 习
高级起飞和着陆（练习 8）。
限制区域运行（练习 23）。
低高度运行（练习 24）。
导航原则（练习 25）。
实际装载和最大载重运行（练习 27）。

3. 动 机
直升机通常要求在山区地形运行。虽然需要多年的时间来获取必要的山区安全运行经验，但所有直升机飞行员应理解并能够应用在山区未准备区域着陆所需的基本技巧，这也是更高级训练的基础。

4. 飞行技术
观察外面。
气流。
飞行前计划的重要性。
密度高度的影响。
功率的考虑因素。
脱离路线的考虑因素。

5. 教学要点
航空器操纵：

- 地平线意识。
- 高和高度的考虑因素。

天气模式和风意识：

- 山区天气。
- 风意识。

过渡飞行：

- 飞行前计划。
- 飞行技巧。

在为准备的地点进近着陆：

- 勘察。
- 功率检查。
- 风向和分界线。
- 进近方向和角度。
- 决断点和脱离路线。
- 目标点/悬停或接地点。
- 典型特征。
- 主旋翼/尾桨意识。

紧急情况：

- 可控飞行撞地。
- 迫降/预防性着陆。

人为因素：

- 情景意识。
- 飞行技术。
- 航空医学。
- 搜寻救援方面。
- 航空器管理。

29.3　空中练习

- 低高度航路上（不要低于 150 m AGL）飞过山区地形。

复习低高度地图判读技巧。

山谷飞行教学，考虑上升气流/下降气流以及其他因素（如太阳、电线）。

山脊/山口穿越技巧的教学。

学员练习。

- 进行无障碍区域（谷底或农场简易跑道）进近着陆教学，无自然地平线，风速 3 ~ 8 m/s。

学员实践。

• 进行四周被山（不高于 1 500 m MSL）包围的地形进近和着陆/悬停：

复习勘察/功率检查程序。

对风的识别。

山脊分界线上顺风和逆风飞行。

直线恒定下滑角进近教学作为基本。

进行在决断点或决断点前复飞至脱离路线的教学。

学员练习。

• 如果时间允许，演示各种崎岖地形特征的进近和着陆/悬停。

复习紧急程序。

练习发动机失效和从不低于规定最低高度的自转中改出。

29.4   教员提示

• 山区飞行对于经验丰富的飞行员是令人兴奋的事，但对于学员而言是非常吃力甚至可能使人畏惧。避免进度太快，避免学员压力或接收的信息量过大。

• 学员，甚至飞行员，在没有进一步的训练前都不应尝试此高级练习。如果没有经验丰富的教员山区飞行带飞，盲目在山区飞行是非常危险的行为。

• 强调山区飞行只需要应用先前学过的基础飞行技能；与本场运行相比，区别在于程度而不是原则。例如，不要忘记实施定期/着陆前检查。

• 应利用所有机会培养对风的方向和强度的意识。应鼓励学员能够在任何时候估计风，通过地面的线索、可见的气流或者感受风在直升机上的作用这些方式。

• 教员应始终有"计划"或脱离路线以防发动机失效或恶劣环境情况。鼓励学员也这样做，并提问"如果……，你会怎样做？"

参考文献

［1］关立欣. 直升机飞行指南[M]. 成都：西南交通大学出版社，2013.

［2］FEDERAL AVIATION ADMINISTRATION. Helicopter instructor's handbook（helicopter flight training）[M]. Createspace Independent Pub, 2012.